兒童職能治療師

教你玩出無限潛力！

給0~6歲孩子的分齡學習遊戲書

吳姿盈——著

　　隨著科技的進步，您是否覺得孩子的童年被3C綁架了呢？在忙碌的生活中，會不會有不知道該陪孩子玩什麼遊戲的困擾？

　　對這個時代的許多孩子而言，滑手機、看影片似乎比「玩遊戲」更有趣，因此他們花更多時間在盯著螢幕，而非與人真實地互動、體驗遊戲的樂趣。越來越多孩子出現感覺統合失調與專注力不足的問題，很多時候其實都只是因為「玩」得不夠。

　　全球化的疫情增加了我們與孩子居家共處的時間，我看到許多爸媽非常希望了解「如何陪孩子玩耍」，更別說是遲緩兒童的家長，透過活動幫助孩子發展的需求更是迫切。

　　若我們希望孩子放下手機，最簡單也是最好的方法就是：陪孩子玩。真心希望這本書可以變成每位爸媽實用的工具書。

　　拿到書以後，無須按表操課地帶著孩子進行書中提到的每個活動，只要在我們想陪伴孩子玩、需要一些點子或靈感時翻一翻這本書，或許就能找到答案。甚至可以和孩子一起討論「我們今天來玩什麼好呢？」、「這個遊戲看起來很好玩，要不要來試試看？」，然後找到一個爸媽和孩子都樂在其中的遊戲，給予孩子高品質的陪伴。

　　許多參與過親子遊戲課程的家長會告訴我，在陪伴孩子玩的時光裡，他們發現自己學習到如何更專注地看著孩子，了解孩子的想法、喜好，也無形中提升了自己身為父母的自信心與成就感。和孩子玩遊戲的過程中，別忘了保持彈性，若孩子拋出不同的想法，我們可以試著去傾聽、理解與接納，讓遊戲隨時保持著改變的可能性。有時會發現，剛開始是我們帶領孩子開啟遊戲，最後卻是由孩子的創

意帶領我們一起享受遊戲的樂趣。

在這本書裡，我從職能治療的專業出發，根據孩子發展的脈絡，整合這些年的工作經驗，盡可能把不同類型的遊戲整理出來，包括肢體協調、手部操作、認知思考、口語表達、專注力、親子按摩、親子瑜伽等領域，大部分的遊戲都是在家就能玩。

「家」是孩子很重要的學習場域，「遊戲」則是孩子享受童年的過程，而大人的任務，就是讓生活充滿遊戲的可能。

除了遊戲的方法之外，我也試著用深入淺出的方式解釋孩子的發展需求與歷程，希望能讓更多人重視遊戲對於孩子發展的重要性。

也許在書中您也會找到一些曾經帶孩子玩過的遊戲，希望透過我的描述能讓這些遊戲的意義被看到，且讓大家了解如何從一個遊戲概念出發，去延伸、變化出更多好玩的遊戲。

這些年，我和許多父母與孩子共度了寶貴的時光，包括親子課程、特殊兒的職能治療、嬰幼兒按摩、幼兒瑜伽、親職講座等，這些都是很重要的養分，成就了這本書的點點滴滴。

在此真心感謝我在專業路上遇到的每一位家長與孩子，和你們互動的過程讓我不斷反思與進步，成為更好的吳老師。

有些事不做不會怎麼樣，但做了會很不一樣。孩子的成長只有一次，很多回憶會隨著歲月流逝，但被關愛的感受會留在孩子的心中。希望當我們的孩子長大後回想起童年，都是那些遊戲帶來的快樂記憶。

兒童職能治療師
吳姿盈

CONTENTS

Chapter 2

1~3歲的親子遊戲

Chapter 3

3~6歲的親子遊戲

Chapter 1

○ ○ ○ ○ ○ ○ ○ ○ ○ ○ ○

0～1歲
的親子遊戲

從呱呱墜地開始，到學會抬頭、翻身、爬行、站立、走路，0〜1歲的階段是寶寶認識這個世界與自己的起點，也是大腦每天都在快速成長的時期。爸爸媽媽可能會見證許多孩子的「第一次」，很多驚奇而感動的時刻都將在這個階段烙印在爸媽心中。0〜1歲的寶寶會透過許多動作、感官來探索世界，當我們能營造適合寶寶玩耍的環境，多和他們互動、給予豐富的遊戲刺激和正向鼓勵，這些都將是他們重要的成長養分，為發展奠定良好的基礎。

01

適合年齡

0~6
個月

面對面遊戲

發展重點 情感依附、親子互動

寶寶剛來到這個世界，第一個接觸到的學習對象一定是主要照顧者。爸爸媽媽若能常常抱起寶寶、和寶寶進行面對面的互動遊戲，不但會讓他們從中建立起對人的興趣，學習去觀察與區辨大人的聲音、表情，奠定社交溝通的基礎，也能增進我們與寶寶之間的親密度和情感依附。

● 遊戲引導與變化

擠眉弄眼的表情與聲音遊戲

大部分的寶寶都有喜歡看人的天性，在他們移動與探索環境的能力尚未發展成熟時，我們可以時常抱起他們，臉部離他們約20～30公分的距離，讓他們能清楚看見我們的臉，並且用誇張的表情和聲音與他們互動，像是發出嘟嘟嘟、叭叭叭、呱呱呱等不同的聲音，也可以嘗試用不同的表情和語調與他們互動。

在這樣的過程中，不僅能帶給寶寶豐富的互動刺激，和他們建立起情感連結，也能幫助他們學習去觀察大人的表情與情緒，並且試著給予大人回應。

模仿寶寶的表情與發出的聲音

假使我們常常和寶寶進行互動遊戲，就會更加了解寶寶的喜好，例如知道他們在看到什麼表情或聽到哪些聲音時會笑。而寶寶也會開始試著用他們的方式回應我們，例如給予社會性的笑容回應、模仿大人的聲音等。

我們可以在寶寶給予我們回應時，說出他們的想法並進一步模仿他們，例如當寶寶發出聲音跟大人互動時，我們可以笑著對他們說「哇！你好棒！你會發出『叭叭』的聲音了！你想和媽媽說話對不對？」，增進他們持續回應大人的動機，這同時也是在建立我們和寶寶溝通的基礎。

搔搔癢的觸覺遊戲

　　除了聲音與表情的互動遊戲，我們也可以常常和寶寶面對面玩「搔搔癢」的遊戲，通常他們都會樂此不疲，發出笑聲並且認真地看著大人。當大人突然停下來時，他們甚至會想要透過表情、聲音或動作表示「我還想要玩！」。

　　搔搔癢的遊戲除了能拉近我們和寶寶的身心距離，也能鼓勵寶寶發出聲音或做出動作跟大人溝通喔！

常常和寶寶面對面互動，能幫助我們更了解寶寶的喜好，例如知道他們在看到什麼表情或聽到哪些聲音時會笑出來。

搔癢遊戲是和寶寶拉近距離的好方法。

翻滾吧寶貝！

發展重點 　肢體動作、翻身訓練、親子互動

0～6個月大的寶寶有幾個發展的重點，包括抬頭、趴撐、翻身等動作。在這些動作發展的過程中，寶寶會開始學習運用自己的肢體、累積頭頸部與軀幹的肌力，是將來爬行和走路的重要基礎。

● 遊戲引導與變化

鍛鍊寶寶趴撐和抬頭的方法：地板遊戲

　　從寶寶出生後1個月起，就開始發展頭頸部的肌力了。因此在1個月大以後，我們可以把寶寶擺成趴著的姿勢，讓寶寶趴在大人身上互動，或是趴在地墊上用玩具吸引他們抬頭。透過練習，我們會發現2～3個月大的寶寶已經可以趴著將頭抬高至約45度，3～4個月大的寶寶頭可抬起約90度高。

　　由於4個月以前的寶寶，還沒有發展出很好的翻身能力，大部分時間都只能躺著或被抱著，因此多讓他們趴著有助於使身體發展出對抗重力的肌力，也能讓寶寶獲得不同的視覺感官經驗，刺激頭部與眼球動作的控制能力。

　　剛開始我們可以協助寶寶用整個前臂支撐，慢慢地當寶寶進步了，可以觀察他們是否能將手臂伸直，用胸口離地、手掌撐地的方式維持趴姿。若寶寶比較無力，可以在他們的胸口下方放個捲起來的毛巾或小枕頭，給予胸口穩定的支撐，這麼做也能協助寶寶趴得更好。

可以在寶寶胸口下方
捲起的毯子作為支撐，
幫助他們趴得更好。

\\\\\\ 小 提 醒 \\\\\\

趴著抬頭的動作對寶寶而言相當費力，若剛開始練習時寶寶維持不
久，爸爸媽媽不需要太過擔心，可以用「少量多次」的方式進行練
習，並在過程中多和寶寶互動，轉移他們的注意力，拉長趴著玩的時
間。

除了趴著玩，我們也可以在寶寶躺著的姿勢下，多和他們玩揮揮手、
踢踢腳的遊戲，像是在上方用玩具吸引他們，讓他們試著看向玩具並
伸手去拿，或是玩搔癢腳底、在腳上綁上氣球或鈴鐺等遊戲，誘使寶
寶多抬腳、踢腳，也可以拉著寶寶的手做仰臥起坐運動，累積頭頸
部、手腳和軀幹的力氣，這些都是翻身和爬行動作的基礎喔！

在寶寶腳上綁鈴鐺，
鼓勵他們多踢踢腳。

用毯子誘使寶寶做出
翻身的動作。

解鎖翻身技能：引導寶寶學會翻身的技巧

寶寶的翻身發展是循序漸進的。2～4個月左右的寶寶，側躺姿勢下可以翻回仰躺姿勢，或從仰躺翻回側躺；4～6個月大的寶寶能完成180度翻身的動作。

在寶寶學習翻身的歷程中，假如我們觀察到他們出現改變身體姿勢去拿取身旁玩具的動作，像是頭看向側邊、手往旁邊伸、踢踢腳、身體蠕動、想翻到側臥姿勢等，都是快要發展出翻身動作的前兆。我們可以在一旁給予玩具吸引寶寶用力翻過去，或是將他們其中一腳跨向身體對側、輕推他們的肩部或骨盆協助完成翻身，重複練習這些翻身的動作，就能幫助寶寶慢慢學會其中的動作技巧。

延伸遊戲

1 包壽司遊戲：我們可以找家中的小毯子或浴巾，透過翻滾把寶寶包在裡面，包覆可以帶給寶寶大量的觸覺刺激與安全感，同時也能學習到翻滾的動作經驗。

2 毯子滾滾滾：將毯子平坦地放在地上，讓寶寶躺在毯子上，緩緩將毯子側邊拉高，用毯子幫助寶寶做出側躺的姿勢，再自己翻過去，或用毯子帶著寶寶完成翻身動作，都是很棒的親子互動遊戲喔！

Q & A

我家的寶寶都不愛翻身，怎麼辦？

雖然寶寶在發展上有一定的月齡歷程，但事實上每個孩子的發展順序並不全然相同。有些寶寶因為個性較文靜，活動量需求小，喜歡靜靜地躺著勝過一直動來動去；有些寶寶則是天生肌肉張力較低，執行動作時較費力，也會影響到他們發展動作的動機與能力。另外，有些寶寶則是缺乏刺激，像是很少被放在地上玩，常常都被大人抱著，沒有機會練習動作。許多原因都可能造成寶寶不愛翻身或爬行，無論是什麼原因，多陪寶寶玩、帶著他們練習動作是最簡單也最有效的方法。然而，若超過5～6個月大，寶寶仍然完全沒有翻身的意願，建議到醫院進行發展評估，進一步確認他們是否有發展上的狀況需要專業服務介入。

03

0~12
個月

躲貓貓遊戲

發展重點 **親子互動、認知學習、問題解決**

寶寶在2歲前，會發展出一個重要的認知能力，叫做「物體恆常概念」，也就是能理解某個東西或某個人離開視線範圍，但仍然存在的概念。有了物體恆常概念，寶寶就能穩定地與他人產生情感上的依附關係，也能對於外在事物、環境感到更有安全感與掌控感。而物體恆常概念也是將來空間認知與邏輯推理發展的重要基礎。

● 遊戲引導與變化

臉部躲貓貓：看看媽媽在哪裡？

寶寶0～4個月大時，可以多跟他們玩「臉部躲貓貓」的遊戲，像是在他們面前用手把我們的臉遮住，然後再打開，用誇張好玩的方式和他們互動。反覆跟寶寶玩這樣的遊戲，除了可以增進親子互動，也能讓寶寶知道，大人的臉雖然被遮住了，但依然存在。

當寶寶4～6個月大時，我們可以在他們的臉上蓋上一條小手帕，觀察他們能否知道如何將手帕拉開、看到大人。若寶寶成功自己拉開手帕了，別忘了給他們一個最棒的鼓勵與微笑，讓他們知道自己做得很棒！

玩具躲貓貓：玩具怎麼不見了？

發展出坐姿或爬行動作以後，我們可以故意在寶寶面前用杯子將小餅乾蓋住，或是用布遮住玩具，觀察他們能否移除障礙物拿到自己想要的東西。如果寶寶知道把杯子拿起來就能吃到餅乾、移開布就能找到心愛的玩具，那就代表他們有基礎的物體恆常概念囉！

要是寶寶一直沒有主動的反應或是求助於大人，也不用太緊張，大人可以示範如何移開布找到玩具的過程給他們看，並且鼓勵他們模仿，在反覆觀察與練習之後，寶寶也能漸漸地學會這樣的概念。

1歲過後，可以繼續跟寶寶玩「猜猜東西在哪裡」的遊戲，像是在他們面前把球滾走，讓他們練習去撿回來，或是把幾樣東西在他們面前藏起來，讓他們練習去找出來，這些都是非常棒的親子互動遊戲。

用手帕把玩具遮起來，鼓勵寶寶自己去找出來。

用手帕跟寶寶玩臉部躲貓貓遊戲。

讓寶寶練習掀開杯蓋或碗蓋，找出被遮住的小餅乾。

04

看一看、聽一聽，找找玩具在哪裡

發展重點 感官發展、親子互動

視覺和聽覺的發展，對寶寶的學習而言，扮演著非常重要的角色。我們可以透過視覺與聽覺的感官遊戲，促進寶寶對環境產生興趣，並幫助他們發展出視覺追視與聽覺辨識的重要能力。

● 遊戲引導與變化

看一看，玩具在哪裡？

　　0～3個月大的寶寶已經能對環境中的物品做出視覺反應，把東西放在他們面前，他們可以做短暫的凝視，當他們視線範圍內有移動的東西時，他們的眼球也會跟著做小幅度的上下或左右轉動，也就是發展出視覺追視的能力。

　　這時期我們可以在寶寶躺著或趴著時，在他們面前小幅度地移動玩具，如果是能發出聲音的玩具也很好，像是手搖鈴、會發出聲音的小鴨……等，一邊移動玩具、一邊和寶寶說說話，鼓勵他們去看看玩具，好的視覺追視能力對下個階段的抓握動作發展很有幫助。除了在寶寶面前移動物品，我們也可以在他們的嬰兒床上方綁上會轉動的玩具或飄動的氣球，增加他們學習視覺追視的機會。

　　3～6個月大的寶寶頭頸部已經很有力氣了，帶他們看玩具時，我們可以做更大範圍的移動，寶寶頭部和眼球轉動的方式會互相配合，努力尋找感興趣的物品。當他們開始發展出手部抓握動作，我們可以多鼓勵他們伸出手來拿取物品，幫助視覺與動作做更好的整合。

　　6個月以上的寶寶，已經開始發展出各種不同的移行能力，我們可以鼓勵他們去追玩具車、氣球，或是在地上滾動的球……等等，讓他們練習追視空間中移動的物品，並配合肢體動作去靠近。

用繩子綁著氣球,在寶
寶前方晃動,讓他們學
習追視並往前爬行。

讓寶寶坐著練習拍拍
氣球,也是很棒的手
眼協調活動。

聲光玩具能豐富寶寶的感官與操作經驗，適合提供給1歲前的寶寶玩。

在寶寶背後搖晃玩具發出聲音，觀察他們能否轉頭去尋找聲源。

聽一聽，聲音在哪裡？

聽覺是寶寶在媽媽肚子裡就已經開始發展的能力，剛出生的寶寶就會對環境中的聲音出現反應了，像是被聲音吵醒、對突然的聲響有驚嚇反應等。

0～3個月大的寶寶能緩慢地把頭轉向聲音來源處，這時我們可以多用輕柔的聲音在寶寶的身邊呼喊他們的名字，或是用搖鈴在他們耳邊發出聲音，鼓勵他們慢慢轉頭看向大人或玩具。

3～6個月大的寶寶對聲音已經可以有不錯的反應了，不妨在寶寶的身邊發出聲音，觀察他們是否會在聽到聲音時轉頭去尋找聲源。此時他們也會喜歡聽不同的聲音，我們可以發出各式各樣的聲音和他們玩，通常他們都會被逗得咯咯笑。

6個月以上的寶寶，會很喜歡操作性的遊戲，我們可以利用家中的物品讓寶寶玩敲敲打打的遊戲，或是提供他們一些聲光玩具，豐富他們不同的感官刺激與操作經驗。

Q & A

為什麼我叫寶寶的名字，他都沒有反應？

在3個月大以前，叫寶寶的名字沒有太大的反應，通常是因為他們的頭頸部動作尚未發展得很好，因此可能有聽到大人的聲音，但沒有明顯的動作表現。

若4～6個月大的寶寶仍對聲音沒有出現太多的反應，可以多留意他們是否有聽力上的問題，許多聽損兒都是在這個時期被照顧者察覺的。

等寶寶再更大一些，若排除聽力上的問題，依然對外界聲音沒有反應，沉浸在自己的世界中，不哭不鬧，可能是因為常被忽略或是早期自閉症的行為特徵，可以多留意寶寶和他人之間的互動，並試著增加和他們面對面互動的刺激，觀察情況是否有所改善。

05

寶寶伸展運動

發展重點　肢體發展、寶寶瑜伽、親子互動

寶寶從出生開始，每天都在活動身體，從踢踢腳、翻身、爬行到站立。我們可以每天幫孩子做一些簡單的肢體伸展運動，活動寶寶的四肢、軀幹、骨盆與脊椎，除了能讓他們維持良好的肢體柔軟度之外，也能促進大腦發展、增加親子互動。

● 遊戲引導與變化

藉由肢體遊戲和寶寶進行互動

以下提供幾個寶寶瑜伽中的肢體伸展運動，爸爸媽媽可以搭配童謠和遊戲的方式跟寶寶互動，盡量以輕柔、和緩的動作進行：

1 雙腳彎曲運動

大人可以握住寶寶的小腿或大腿，雙腳同時彎曲推向肚子，停留3～5秒後再伸直雙腳，重複動作6～10次。

2 雙腳踩腳踏車

大人一樣握住寶寶的小腿或大腿，雙腳輪流彎曲推向肚子，做出彷彿踩腳踏車般的動作，重複10～15次。

3 雙腳交叉運動

大人握住寶寶的小腿，將寶寶的雙腳彎曲推向肚子，在肚子上方交叉雙腳，並讓雙腳上下交換位置重複3～5次，再將腳伸直，重複動作6～10次。

\\\\\ 小 提 醒 /////

上述3個動作都可以幫助寶寶排氣與排便，遇到消化不良、脹氣或便祕的狀況時，可以用來改善不適感。

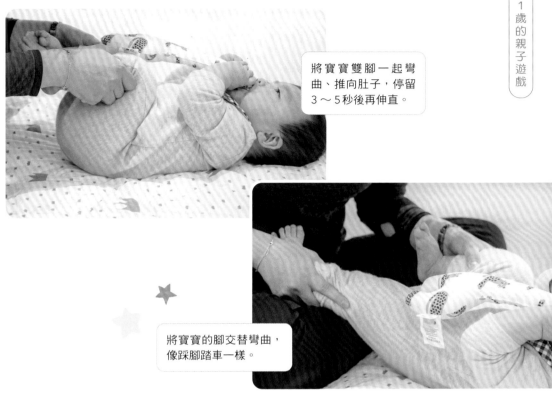

將寶寶雙腳一起彎曲、推向肚子,停留3～5秒後再伸直。

將寶寶的腳交替彎曲,像踩腳踏車一樣。

將寶寶的腳推向肚子上方,輪流上下交叉雙腳。

4　轉動髖關節與踝關節

　　大人一手稍微固定寶寶某一邊的大腿，一手抓著另一邊的膝蓋，進行髖關節轉動，動作記得緩慢且輕柔，順時針方向轉動3～5圈後，換成逆時針方向3～5圈。完成後再對踝關節做一樣的動作，一手抓著小腿，一手抓著腳掌進行輕柔的轉動。記得一邊完成後，要換邊進行。

5　雙臂上下運動

　　大人握住寶寶的手，雙手一起往上伸直3～5秒後放下，重複動作3～5次。

\\\\\ 小 提 醒 \\\\\

進行手臂動作時，若因為寶寶身體扭動而不好執行，建議爸爸媽媽可以用自己的大腿輕壓在孩子的腿或骨盆上，會比較容易操作且伸展效果更好喔！將手往上延伸的動作，可以幫孩子伸展到脊椎，增加脊椎的柔軟度與背肌的發展。

緩慢且輕柔地轉動寶寶的髖關節，幫助肌肉放鬆。

一手抓著小腿，一手抓著腳掌進行輕柔的轉動。

將寶寶的雙手一起往上伸直，可以伸展到手部與背部的肌肉。

6 雙臂打開運動

大人握住寶寶的手，帶著寶寶的手臂往兩邊打開，再往中間合起來，重複6～10次（可以用拍拍手的遊戲進行）。

7 側邊扭轉運動

大人輕柔地將寶寶右邊大腿放到左邊地板上，並用手輕壓右邊肩膀，若寶寶沒有抗拒，此動作可以進行3～5秒後再放開。以此類推，將左腿放在右邊地板上，輕壓左邊肩膀，兩邊都完成算是一回合，可以視寶寶情況重複3～5回合。

將寶寶的手重複打開、合起的動作，像是玩拍拍手的遊戲。

輕柔緩慢地帶著寶寶做側邊扭轉運動，可以幫助他們放鬆身體。

給爸爸媽媽的話

每天選擇2～3樣伸展運動跟寶寶互動，過程中可以多和他們說話、唱歌，增加親子交流。也可以將這些動作融入生活中，像是在換尿布、睡前等時候進行。記得，執行這些伸展運動時若寶寶出現反抗或不舒服的反應，不需要勉強寶寶或用蠻力執行，可以稍後再做或下次再試試看。假如動作過程中，發現寶寶有某個部位肌肉緊張或關節活動度受侷限，不需太緊張，可能是因為寶寶自己肌肉用力沒有完全放鬆的緣故，可以多觀察幾次。要是觀察多次後都有一樣的情形，建議可以尋求專業醫療評估，確認寶寶的肌肉骨骼發展是否出現狀況。

06

寶寶親子運動

發展重點 肢體發展、親子瑜伽、親子運動

在照顧寶寶的過程中，爸爸媽媽常常會發現自己比過去更缺乏時間運動，也常會有身體緊繃或痠痛的問題。親子瑜伽運動提供了爸爸媽媽很好的機會，可以一邊運動伸展，也能和寶寶進行互動。在親子瑜伽運動中，我們會不斷注視寶寶、和寶寶說話，且當他們做出反應時，我們也會做出反應回應他們，建立起親密的親子關係。

● 遊戲引導與變化

和寶寶一起做運動：親密好玩的親子時光

爸爸媽媽可以透過一些簡單的親子瑜伽運動和寶寶進行互動，動作盡量輕柔且和緩，並記得隨時注意寶寶的反應，以下提供6個安全又簡單的寶寶親子瑜伽運動：

 事前準備　準備好瑜伽墊或遊戲墊、毛巾和水，爸爸媽媽在進行運動前，可以先做一些簡單的肢體關節暖身活動。

1　弓箭步運動

大人抱著寶寶，雙腳打開，一腳彎曲一腳伸直，做出弓箭步動作，並將寶寶放在前方彎曲的大腿上，進行5～10個深呼吸後再換邊進行。

大人可以注意前方彎曲的腿，膝蓋不要超過腳踝，後方的腿要盡量伸直，這樣會讓運動與伸展的效果更好喔！

若覺得執行起來很輕鬆的話，可以拉長維持姿勢的時間，也可以做弓箭步深蹲的動作（前腳維持彎曲姿勢，後腳做彎曲往下再伸直的動作，膝蓋不能碰到地板）。

2　跪姿抱高運動

大人抱著寶寶，雙腳跪坐在墊子上，起身跪直時將寶寶抱高，重複動作10～15下。

弓箭步運動

跪姿抱高運動

3 雲霄飛車運動

　　大人先坐著並彎曲雙膝，將寶寶放在小腿上，大人躺下後，將腿彎曲並抬起到讓寶寶可以看到大人臉的高度。可以和寶寶打招呼、進行表情互動後再把腳放下，重複抬腿和放下的動作至少10～15次。

4 拱橋運動

　　大人躺著並讓寶寶坐在肚子上，腹部與臀部用力往上抬高後再放下，重複動作至少10～15次。

5 背挺直運動

　　大人先雙腳伸直坐著，讓寶寶身體躺在大腿上、小腿在肚子上。大人躺下後，雙腳維持伸直姿勢往上用力抬高，讓寶寶變成背挺直的姿勢。此時可以和寶寶進行互動後再緩緩將雙腿放回地板，重複動作至少10～15次。

6 飛高高運動

　　大人躺著，先讓寶寶趴在大人的胸口，然後將他們抱高至視線上方，相互注視後，再緩緩將他們放回胸口，重複動作至少5～10次。運動結束後，可以讓寶寶趴在胸口，拍拍他們的背並一起進入放鬆休息時間。讓寶寶感受大人的呼吸並跟他們說說話，感謝他們和你一起完成運動。

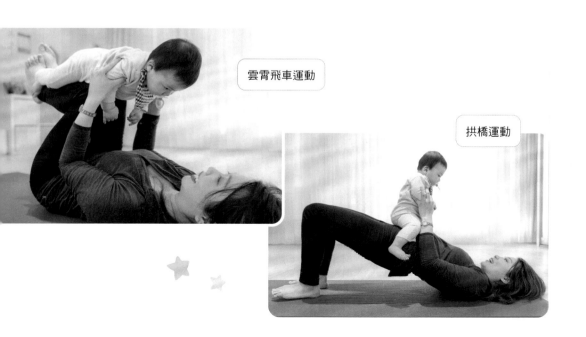

雲霄飛車運動

拱橋運動

飛高高運動

背挺直運動

給爸爸媽媽的話

運動的時間或次數並沒有標準答案，爸爸媽媽不需要太緊張。以上時間或次數是筆者依據教學經驗，給一般家長的執行準則，若覺得太簡單或太難的話，都可以視自己或寶寶能接受的程度做適當調整。通常進行這些運動時，寶寶都會非常開心，爸爸媽媽也可以在忙碌的生活中為自己留下一些運動時間，不妨試試看喔！

我是小小音樂家

發展重點 感官發展、音樂律動、親子互動

雖然寶寶的聽覺系統在媽媽的肚子中已經發展起來，但出生後會靠著不斷接收環境聲音，發展出更完整的聽覺能力。在寶寶出生後的第一年，是他們聽覺學習的黃金期，足夠的聽覺刺激能夠為將來開口說話奠定重要的基礎。

● 遊戲引導與變化

讓寶寶有機會聽到不同的聲音

寶寶在6個月大之前，我們可以多讓他們看到並聽到不同東西會發出不同的聲音，像是按壓玩具發出的音樂聲、按下音響的撥放鍵會開始講故事、敲打樂器會發出不同的聲響……等。雖然寶寶抓握與敲打的能力可能尚未發展成熟，但我們可以做給寶寶看，或是帶著他們玩，通常他們都會覺得非常開心。

生活中，處處都是音樂的遊戲

6個月大以後的寶寶，由於移動能力的進步，對於探索環境會產生更大的好奇心，開始會想要去尋找環境中的聲音。當他們拿起物品，可能會想要敲敲打打，或是把東西丟到地上，看看會發生什麼事。

這個時期我們可以提供孩子不同的兒童樂器，像是鈴鼓、手搖鈴、棒棒糖鼓、木魚、波浪鼓、響板……等，讓他們自由探索樂器的聲響。除了樂器之外，生活中也有許多可以提供寶寶遊戲的器具，像是鍋碗瓢盆、奶粉罐、紙箱、小椅子……等，寶寶會非常喜歡透過動作讓東西發出聲音的遊戲。對寶寶而言，這樣的遊戲除了能認識不同物品的聲音與特性，也是學習掌控手部力量的過程。

搭配音樂，讓遊戲更有趣

　　幾乎所有的寶寶都喜歡兒歌，因為兒歌的旋律簡單、重複性高容易朗朗上口，1歲前的孩子雖然還沒有唱歌的能力，但可能已對兒歌旋律展現很高的興趣，像是跟著音樂揮揮手踢踢腳、身體跟著旋律搖晃……等。帶著孩子玩樂器或生活器具的過程中，不妨播放他們喜歡的兒歌，讓他們試著感受旋律並跟著節奏敲打，這也是非常好的聽覺學習遊戲。

示範如何用樂器發出聲音給寶寶看，吸引他們注意並鼓勵他們模仿。

當寶寶成功用樂器發出聲音時，記得給予鼓勵與讚美。

陪伴孩子一起探索不同物品發出的聲音，也可以搭配兒歌敲打節奏。

小手手玩玩具

發展重點 精細動作、手眼協調、親子運動

對於充滿好奇心的寶寶而言，「手」是用來探索環境的重要學習媒介。創造能讓寶寶多練習手部動作的情境，並適時給予引導協助，能夠幫助他們在出生後的第一年，奠定良好的精細動作發展基礎。

● 遊戲引導與變化

各階段操作玩具的選擇與引導技巧

以下將0～12個月分為4個階段，針對手部活動與引導技巧提供一些簡單的原則供爸爸媽媽參考：

❶ 0～3個月

手部動作發展重點

這個時期的寶寶，手部動作多為反射性抓握，當他們的手掌碰到東西便會自動抓住。

遊戲建議與引導技巧

這時我們可以多和寶寶玩抓握遊戲，像是把我們的手指放進寶寶的手掌，當寶寶緊緊抓住時，搖搖他們的手，告訴他們這是爸爸（或媽媽）的手；或是提供一些柔軟的布、手搖鈴、小玩偶，讓寶寶抓握在手中，提供他們不同的觸覺刺激，促進他們以手抓握物品的意識。

這時期寶寶的視覺發展尚未完全成熟，顏色鮮豔或黑白對比強烈的物品會更吸引他們注意。

❷ 4～6個月

手部動作發展重點

這時期的寶寶，手部動作已從反射性抓握進步到有意識地主動抓握，加上視覺功能的進步，對於出現在眼前的東西都會試圖伸手去抓取，多以揮動手臂、整個手掌抓握的方式進行。

讓寶寶學習抓握長條狀的蔬果棒，把精細動作練習融入每天的生活中。

自己抓握小餅乾吃，也是很棒的精細動作練習。

引導寶寶把東西從盒子裡拿出來、放進去,建立容器的概念。

引導寶寶放形狀積木,建立基礎的配對概念。

遊戲建議與引導技巧

　　平常可以提供寶寶一些懸吊型的玩具，讓他們躺在嬰兒床時能夠伸手去觸摸或抓取。這時期的寶寶對於任何會發出聲音的物品都相當感興趣，因此可以提供他們聲光玩具或捏壓玩具，引導他們用不同動作去探索發出聲音的方式，像是按、壓、捏、轉等動作，除了讓寶寶學習不同的手部動作技巧，也能建立因果關係的概念。

　　此外，這個年紀的寶寶非常喜歡把東西放入口中探索，我們可以提供安全乾淨的玩具讓他們咬咬，或在餐前餐後給他們蔬果棒抓著吃，滿足他們的口腔探索。配合肢體動作發展，我們也可以讓寶寶以不同的姿勢練習手部動作，像是在趴姿、坐姿、翻身等過程中去抓握物品。

❸ 7～9個月

手部動作發展重點

　　此時寶寶會開始發展出雙手協調的動作，像兩手一起抓握水瓶、雙手拿積木互相敲打、拍手、把物品從一手換至另一手等，也開始有容器的概念，會喜歡拿／放東西的遊戲過程。

遊戲建議與引導技巧

　　平常可以多製造雙手遊戲的情境，像是鼓勵寶寶兩手拿著積木或搖鈴敲打、發出有趣的聲音，或是在寶寶右手已有物品的情況下，在右邊再放一個吸引他們的物品，觀察他們是否能將手上的物品換至另一手，以騰出空間拿取新東西。

　　另外，準備一些盒子或罐子，讓寶寶練習把積木或球球放進容器中，再伸手將容器中的東西拿出來，寶寶通常會很喜歡這樣的遊戲過程。一些能讓寶寶重複練習拿／放動作的玩具，像是簡單的形狀配對盒或投擲玩具等，都是很適合這個年齡的遊戲選擇。

❹ 10 ～ 12 個月

手部動作發展重點

　　這時期的手部發展重點為抓握小物品，相較於過去用整個手掌抓握的方式，我們可以觀察到寶寶開始會使用前3指去抓取小物品。在手眼協調的發展上也有了很大的進步，可以更快、更精準地拿到自己想拿的東西，也能試著把玩具對準、放入較小洞口或位置上。

遊戲建議與引導技巧

　　我們可以準備一些小餅乾或把大塊餅乾剝成小塊，放在碗中讓寶寶練習用手指抓握、拿起來放入嘴巴，或是讓他們學習抓小珠珠或小積木玩。準備一些大型串珠，引導寶寶捏著繩子穿入洞口，再從另一端把繩子拉出來，或是帶寶寶閱讀厚紙板書，鼓勵他們自己翻頁等都很不錯。

\\\\\\ 小 提 醒 \\\\\\

帶寶寶玩小物品時，大人最好要在一旁陪伴引導，避免寶寶把東西放入口中、發生危險。

帶領寶寶將玩具放入指定的洞口中，促進手眼協調發展。

帶寶寶玩大型串珠，捏著線穿進洞中，再從另一端拉出來。

陪寶寶看厚紙板書時，可以鼓勵他們自己翻頁。

09

照鏡子遊戲

發展重點 身體概念、認知發展、親子互動

1歲前的寶寶，會慢慢從動作遊戲與互動的過程中，建立對自己身體的概念。在感覺統合的發展中，有良好的身體概念是非常重要的，好的本體覺能夠幫助寶寶，使他們在日後發展許多協調動作時，能更清楚如何運用肢體。

● 遊戲引導與變化

照鏡子遊戲：認識鏡子中的自己

當寶寶開始會趴著時，我們可以在他們的前方放個小鏡子，讓他們清楚地看見自己的臉。過程中用手指頭摸摸寶寶的臉部器官，告訴寶寶「這是你的眼睛、鼻子、嘴巴、耳朵」，幫助他們認識這些部位。當寶寶能夠坐著或站著，就能帶著他們認識映照在鏡子中的身體部位，像是脖子、肩膀、手臂、胸部、肚子、屁股、大腿和小腿等。等寶寶已能辨認出大致的身體部位以後，我們可以進一步帶領他們觀察鏡子中更細微的部分，像是眉毛、鼻孔、頭髮、指甲等。

除了照鏡子遊戲之外，生活中也可以經常詢問寶寶身體部位的名稱，並引導寶寶去摸摸看，幫助他們建立連結與記憶。透過適當的引導與遊戲互動的方式，通常1歲大的寶寶已經能夠成功指認出一些簡單的身體部位了。

音樂律動遊戲：頭兒肩膀膝腳趾

透過哼唱一些經典兒歌，像是《頭兒肩膀膝腳趾》、《小星星》等，一邊哼唱一邊帶著寶寶去觸摸自己的身體部位，通常他們會覺得很有趣，也能更快學會身體部位的名稱。我們也可以自己改編兒歌，帶寶寶玩認識身體的遊戲，以下提供改編自《火車快飛》的寶寶律動遊戲，不妨和家中的孩子一起玩玩看：

火車快飛　　火車快飛

（拿小球或車車玩具快速在寶寶身上滾動／滑動）

穿過手臂　　越過肚子
不知跑了幾百里

（把小球或車車帶至唱到的部位上，部位名稱可不斷替換）

快到家裡　　快到家裡
媽媽看見真歡喜

（將寶寶緊緊抱入懷中或是搔癢）

帶著寶寶摸摸爸爸媽媽和自己的五官，認識身體各部位。

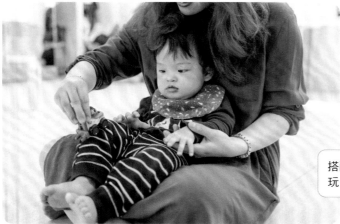

搭配童謠讓寶寶一邊玩、一邊認識身體。

10

0～12
個月

寶寶的表達練習

發展重點 表達發展、動作模仿、親子互動

1歲前，寶寶雖然還沒發展出成熟的口語能力，但已經可以透過許多方式表達自己，像是動作、手勢或聲音等，而大人試著解讀寶寶的內在想法並引導他們做出更多表達，將會是親子雙方互相學習與建立默契的重要過程。把自我表達的練習融合於生活情境中，能夠幫助寶寶學習有效的溝通模式，是日後發展表達能力與情緒控制的重要基礎。

● 遊戲引導與變化

表達「我要！」的練習

3個月以前的寶寶，由於沒有太多的動作能力，多以哭和笑來表達需求。在這個時期爸爸媽媽會需要一些時間來摸索，理解寶寶不同情境的哭泣、不同哭聲的強度等，分別代表著什麼樣的需求表達。此時盡可能滿足寶寶的需求，能幫助他們建立安全感與依附感，讓他們知道自己的表達能夠獲得重視與回應。

3～6個月大的階段，寶寶的手部動作已開始發展，因此我們可以進一步引導他們用動作或表情來表達，像是給他們奶瓶前，可以先問一句「你想喝ㄋㄟㄋㄟ嗎？」，引導他們伸手來摸摸奶瓶，或是看著大人的眼睛後，再給予奶瓶，協助他們建立除了哭泣以外的表達方式。

6～9個月大期間，寶寶的模仿能力會大幅進步，我們可以教他們更多不同的表達方式來得到想要的東西，像是用手掌拍胸、舉手、點頭、伸手等動作。剛開始寶寶可能還是會先用哭的方式，可以先根據我們對他們的了解，說出他們心中可能的想法，並且向他們確認，例如「你是不是想要拿這個玩具？」。若能夠猜到寶寶的想法，通常他們會冷靜一些，此時可以透過示範和鼓勵，讓他們試著做出動作來表達後，再滿足他們的需求。

9～12個月期間，只要延續前一個階段的表達練習即可。待寶寶已能用許多手勢與大人溝通，我們可以進一步引導他們發出不同的聲音來

進行互動，像是爸爸、媽媽、搭搭、要要、拿拿等，讓他們學習用語言溝通，而非以哭鬧的方式達到所有目標。

學習打招呼的動作與人互動

在1歲前，由於口語能力尚未成熟，鼓勵寶寶用動作來和身旁的人互動是很重要的，這麼做也能建立他們的禮儀概念。在生活情境中，可以帶著寶寶學習揮手與別人打招呼或說再見，剛開始他們可能無法準確地做出揮手的動作，或是因為個性害羞而不願意，爸爸媽媽不需要太緊張。

當寶寶不會或不願意時，我們可以帶著他們的手做動作，並搭配口語引導，例如「我們來跟阿姨說再見！」。不厭其煩地重複這樣的練習，就能讓寶寶學會動作並養成習慣。

除了打招呼的練習之外，我們也可以刻意製造機會，讓寶寶把東西拿給別人、和別人擊掌等，使他們有更多機會接觸人群、與人互動。

生活中可以多製造機會引導寶寶和別人互動、打招呼。

嬰幼兒按摩遊戲

發展重點　嬰兒按摩、情感依附、親子互動

接下來，要為大家介紹的是許多爸爸媽媽都很關心的嬰幼兒按摩相關遊戲！一般認為，為寶寶按摩不但能提升親子關係、促進寶寶的腦部及身體發育，甚至還能讓他們吃得多、睡得好，究竟是怎麼辦到的呢？

● 按摩的好處

親子間最親密的互動回憶

在國際嬰幼兒按摩協會（IAIM）致力推動的嬰幼兒按摩中，最強調的就是「透過溫柔撫觸與寶寶互動」的過程。在幫寶寶按摩時，大人和寶寶會透過大量接觸建立起親密感與依附感，包括肢體撫觸、氣味與眼神交流、口語互動等。過程中，大人會學習觀察寶寶不同的狀態反應，寶寶也會學習用表情、聲音或動作來溝通表達，成為親子間獨特的溝通方式。

給予豐富且正面的刺激

按摩刺激了寶寶身上最大的器官——皮膚。透過刺激皮膚能同時活化寶寶許多重要的身體器官系統，包括循環系統、消化與排泄系統、免疫系統、呼吸系統、神經系統、皮膚系統、感覺統合系統與聽覺系統等，給予寶寶生理健康上的好處。許多爸爸媽媽都會發現，寶寶在接受按摩後，能吃得更多、睡得更好。

幫助親子抒發心理壓力

對許多新手爸媽而言，有了寶寶的生活帶來許多甜蜜，卻也增加了許多心理壓力，像是擔心自己照顧不好孩子、猜不到孩子要做什麼、半夜睡不好等，生活中時時刻刻都充滿著挑戰與壓力。透過按摩，照顧者可以更了解寶寶，從中建立自信並放鬆身心。

對寶寶而言，離開溫暖的子宮後，就開始要適應許多外在壓力，像

是環境中聲音、燈光、溫度的變化等，也要學習調適大人無法立即猜中或滿足需求的焦慮感。更大一些之後，想拿東西拿不到、想翻身翻不過去、被陌生親戚擁抱等，許多的生活情境都會為寶寶帶來心理壓力。

雖然這些壓力都是寶寶成長過程中必然會面對的問題，也是他們學習調適壓力的重要過程，但寶寶按摩提供了一個機會，讓寶寶透過被溫柔撫觸、充分陪伴的過程，得以舒緩壓力，產生正面情緒。

舒緩成長中的種種不適

寶寶在成長的過程中，會有許多說不出口的不適感，像是成長痛、腸絞痛、長牙痛等。而大量的觸覺刺激能平衡與舒緩痛覺，幫助寶寶減少各種不適感。

● 按摩前的準備事項

在幫寶寶按摩前，我們可以做好一些準備，讓按摩的過程更順利，以下提供6項簡單的原則，給想幫寶寶按摩的爸爸媽媽作為參考：

❶ 準備好放鬆的心情，讓寶寶在按摩的過程中也能感到放鬆。

若爸爸媽媽在緊張的狀態下按摩，寶寶也會更容易在按摩中哭泣。

> Tips　按摩前可以先抱起寶寶，輕輕搖晃並深呼吸，讓他們貼在大人的胸膛上感受大人深沉且平穩的呼吸頻率。可以輕聲細語地對寶寶說話，或唱一首歌。

❷ 觀察寶寶的狀態是否適合進行按摩。

若寶寶處於大哭、睡覺或剛吃飽30分鐘內的狀態，建議先滿足他們當下的需求，或是讓他們充分休息後再開始按摩。最適合按摩的狀態是「安靜清醒」的時候，在沒有太過躁動、意識清楚且渴望被關注與互動的狀態下，幫寶寶按摩會達到最好的效果。

> Tips　寶寶的狀態大致上可以分為6種，分別是熟睡、淺眠、昏昏欲睡、安靜清醒、活動清醒、哭泣。一般來說，剛睡醒

或準備要睡覺前是很好的按摩時機。隨著寶寶的成長與動作能力的進步，他們安靜清醒的時間會越來越短，活動清醒的時間會相對較長。也就是說，寶寶會比較難乖乖躺著讓大人按摩，這時可以縮短每次按摩的時間、減少按摩的部位，但增加按摩的頻率，或是調整幫寶寶按摩的方式。後面章節會提到如何配合成長中的孩子進行按摩。

❸ 準備好適合的環境。

包括以下幾項考量：

- **適當的室溫**：按摩過程中寶寶會脫光衣服，保持環境溫暖是很重要的，建議溫度為攝氏 25 ～ 28 度，大約是大人穿薄長袖能夠感到溫暖的溫度。
- **柔和的燈光**：因為大部分時候寶寶是躺著被按摩，眼睛是面對天花板的，建議避免讓寶寶的眼睛直視燈光。
- **安全的地板**：一般會建議在平穩的地墊上進行，並準備大毛巾鋪在底下。無論是在哪裡進行按摩，安全是第一考量。
- **放鬆的音樂**：播放一些輕音樂能夠營造出放鬆的情境，按摩過程中也可以輕聲對寶寶唱歌，幫助寶寶放鬆。

❹ 移除手上的干擾物。

包括修剪過長的指甲，拿掉手錶、手鍊或戒指等。由於按摩時會大量接觸寶寶的肌膚，按摩前一定要記得洗手。大人穿著輕便舒適的衣服，也能讓按摩過程更加順利。

❺ 準備適合的按摩油。

國際嬰幼兒按摩協會（IAIM）對於按摩油的建議為冷壓性、無味的天然植物油。按摩油需要大量塗抹於孩子身上，且孩子可能會把手放進嘴巴而吃到油，因此天然的冷壓植物油是健康又安全的選擇。

Tips

橄欖油、甜杏仁油、葡萄籽油、葵花油等，都是很好的按摩油，但這些油的缺點是價格可能相對較高，且有較短的保存期限，建議裝在深色瓶子裡、避免光照，且在 3 個月內盡快使用完畢。

⑥ 按摩前，永遠記得要徵詢寶寶的同意。

徵詢同意在寶寶按摩中是非常重要的一件事，因為按摩時寶寶會被脫光衣服、大量被觸摸，雖然他們還不會說話表達，但徵詢同意的過程能讓寶寶知道，別人必須經過自己的同意才能對自己進行這些動作，建立身體的自主權。

徵詢同意不只代表一開始的詢問，也代表過程中爸爸媽媽要去注意到孩子發出的訊號。當孩子表現出抗拒或負面情緒時，尊重他們的意願也是很重要的。

Tips 雖然寶寶還沒有可以明確做出回應的能力，我們還是要問他們「可以幫你按摩嗎？」，等待幾秒鐘跟寶寶進行眼神交流後，再開始後續的按摩程序。

12

按摩小腳腳

發展重點 嬰兒按摩、情感依附、親子互動

腿部是寶寶每天最常被觸碰的位置，相對於其他部位較不敏感，除了換尿布以外，很多時候我們也會去逗弄孩子的腿部跟他們玩耍，因此剛開始接觸按摩的寶寶，從腿部開始是非常適合的。

● 按摩的方法

以下是腿部按摩的方法與程序，供家長參考：

1 準備按摩

徵詢寶寶的同意後，將寶寶身上的衣物脫掉。倒一些按摩油在手掌上，並在寶寶面前搓揉雙手，讓他們知道要按摩了。按摩過程中，因為寶寶會感到放鬆，且可能刺激到排泄與消化系統，寶寶很容易尿尿或大便，建議可以在屁股下墊個尿布或毛巾，以便清潔。

2 靜置撫觸

把雙手放置在寶寶的大腿上，輕聲地告訴他們「我要幫你按摩腳囉！」。開始前先選擇其中一隻腿開始，可以告訴寶寶「我們先按摩右腳吧！」。常常告訴寶寶按摩的部位名稱，能幫助他們更快建立身體的概念。

3 印度擠奶法（離心）

一手握住寶寶的腳踝，另一手的手掌從寶寶大腿根部往上按至腳踝處，兩手交替進行。此動作能幫助寶寶達到舒緩、放鬆的效果。

4 擁抱滑轉法

雙手一上一下握住寶寶的腿，輕柔地做反方向的滑轉動作。

5 拇指連續推按法

用大拇指指腹從寶寶腳掌的根部，往上推按至腳趾頭。

腳底有許多重要的反射區，平常也較少會去觸碰到，可以透過按摩給予足夠的腳底刺激。剛開始許多寶寶會表現出較為敏感的反應，這是很正常的。先在寶寶可以接受的範圍內慢慢進行按摩，持續一段時間後接受度通常就會提高許多。

6 腳趾揉捏法

一手握住寶寶腳踝，另一手依序搓揉寶寶的腳趾頭，過程中可以一邊唱著童謠「大拇哥、二拇弟、三中娘、四小弟、小妞妞……」給寶寶聽，並重複進行多次。

除了唸出腳趾頭的名字給孩子聽，也可以一邊搓揉一邊數12345，逐漸建立寶寶對數量的概念，知道自己有幾根腳趾頭。

印度擠奶法

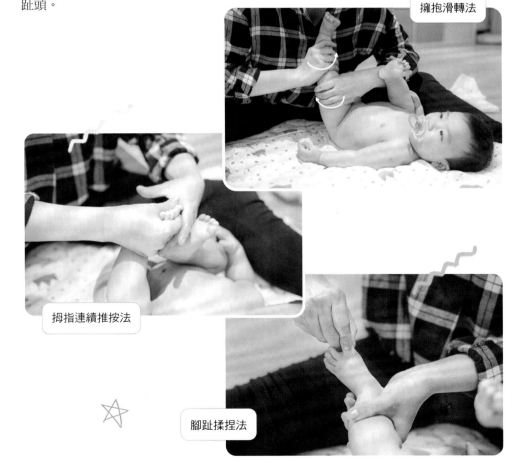

擁抱滑轉法

拇指連續推按法

腳趾揉捏法

45

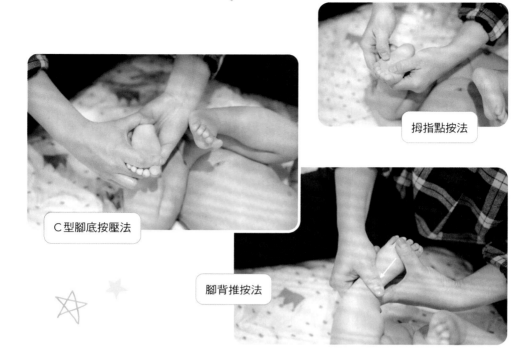

拇指點按法

C型腳底按壓法

腳背推按法

7 C型腳底按壓法

　　一手握住寶寶腳踝，另一手的拇趾與食指呈現C字形，想像在腳底肉球處壓一顆大球與小球。

8 拇指點按法

　　雙手大拇指指腹在寶寶的腳掌上緩慢有節律地點按，像走路一般。

9 腳背推按法

　　雙手大拇指在寶寶的腳背上，從腳趾到腳踝的方向，往上推按。

10 腳踝旋轉推按法

　　沿著寶寶的腳踝，用大拇指畫螺旋形狀環繞一圈，像是幫寶寶戴腳鍊一樣。

11 瑞典擠奶法（向心）

　　一手握住寶寶腳踝，另一手的手掌從寶寶腳踝往下按至大腿根部，兩手交替進行。此動作能幫助寶寶達到血液回流、循環的效果。

12 滾動搓揉法

　　雙手在寶寶大腿兩側握住大腿，並前後滾動，從大腿滾動至腳踝的方向。這是許多寶寶都非常喜歡的按摩方式，若您也觀察到寶寶很喜

歡，不妨多重複幾次，和他們一邊玩
一邊享受按摩的時光。

13 臀部放鬆法

雙手放在寶寶臀部下方，做連續
畫圓的動作。

14 換另一隻腳重複上述步驟

15 整合

雙腳都按摩完後，將雙手從臀部
順勢往下摸到腳部，可以一邊摸一邊
念各部位的名稱給孩子聽：「這是你
的屁股、大腿、膝蓋、小腿、腳踝、
腳掌、腳趾頭。」

整合在嬰兒按摩中是非常重要的
一環，除了幫助寶寶了解身體部位的
名稱及每個部位都是相連的，也能讓
寶寶知道這個區域的按摩結束了。

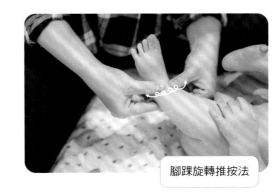
腳踝旋轉推按法

瑞典擠奶法

臀部放鬆法

滾動搓揉法

給爸爸媽媽的話

每個部位的按摩次數、時間，並沒有標準答案，一切皆以寶寶的反應與
回饋而定。若照顧寶寶時，沒有那麼多時間可以一次做完全部步驟也沒
關係，可以一次挑選2～3種按摩手法來和寶寶互動即可。

〈附註〉本書的嬰兒按摩方法與程序參考了國際嬰幼兒按摩協會（IAIM）之建議。

13

按摩小肚肚

發展重點 嬰兒按摩、情感依附、親子互動

。。

腹部按摩能有效刺激寶寶的腸胃道蠕動，幫助排氣與消化，並促進營養吸收。若寶寶成長過程中遇到便祕、腸絞痛、脹氣等問題，可以嘗試藉由腹部按摩幫助他們舒緩不適。

。。

● 按摩的方法

以下是腹部按摩的方法與程序，供家長參考：

1 準備按摩

徵詢寶寶的同意後，將寶寶身上的衣物脫掉。倒一些按摩油在手掌上，並在寶寶面前搓揉雙手，讓他們知道要按摩了。

> *Tips* 若按摩過程順利，寶寶的反應通常都是喜歡也願意繼續被按摩的。可以一次按摩多個部位，例如按摩完腿部後接著按摩肚子。

2 靜置撫觸

把雙手放置在寶寶的肚子上，並輕聲告訴寶寶「這是你的肚子，我要幫你按摩肚子囉！」。

> *Tips* 肚子在身體的中心，靠近許多重要的內臟器官，平常也較少被觸碰到，因此按摩前建議一定要進行靜置撫觸一段時間後再開始。

3 水車法A

雙手手掌在寶寶的腹部上，由上往下交替按壓。

> *Tips* 腹部按摩皆在肋骨下方的區域進行，避免壓迫到肋骨。

4　水車法B
　　一隻手將寶寶的雙腳抬高，另一隻手的手掌在寶寶的腹部上，由上往下按壓。

5　拇指外推法
　　雙手拇指指腹從寶寶肚臍中心往外推按。

(Tips)　新生兒若肚臍還沒掉，建議先避免做肚臍附近的按摩。

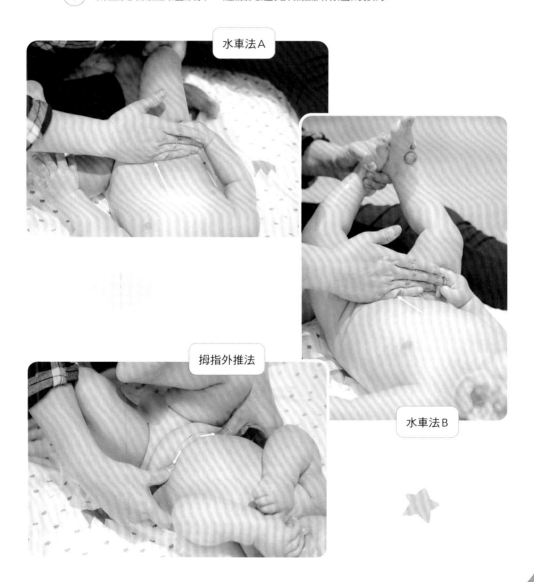

水車法A

拇指外推法

水車法B

6 日月法

左手在肚子上往順時針方向不斷畫圓，右手由10點鐘到5點鐘方向畫半圓，兩手互相協調配合。

Tips 此按摩手法需要靠雙手的協調性完成，可以多練習來熟悉方法。

7 I Love U 按摩法

I：先在寶寶的左側腹部上方，由上往下寫一個I。

L：從寶寶腹部右側上方開始，往左側下方的方向，寫一個倒立的L。

U：從寶寶腹部右側下方開始，往左側下方的方向，寫一個倒立的U。

Tips 以上按摩手法方向符合人體腸胃道消化的方向，可以刺激腸胃蠕動，幫助寶寶排氣或排便。

8 手指走路法

用手指指腹由寶寶腹部右側點壓到左側。

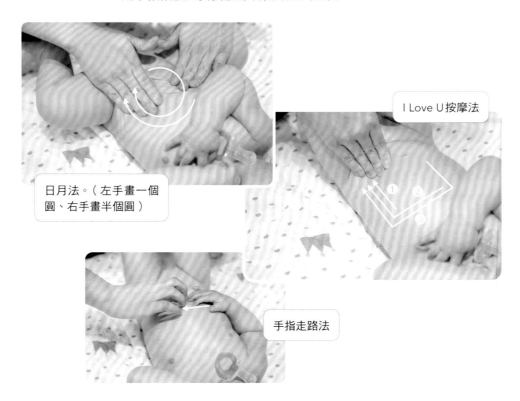

日月法。（左手畫一個圓、右手畫半個圓）

I Love U 按摩法

手指走路法

通常腹部和胸部可以一起進行按摩，以下是胸部按摩的方法與程序：

1 靜置撫觸

把雙手放置在寶寶的胸部上，並輕聲地告訴寶寶「我要幫你按摩胸部囉！」。

2 開卷法

從胸口中間往外、往下，再回到中間的位置，像是在寶寶的胸口畫一個大愛心一樣。

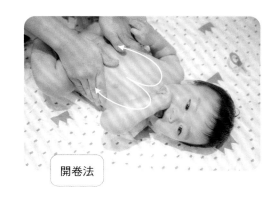

開卷法

3 蝴蝶法

雙手先放在寶寶身體側邊，一手先從身體側邊往斜上方方向按摩胸部，到對側肩膀位置後按壓一下肩膀，順勢經過胸部，往斜下方按摩，手回到身體側邊的位置後，再換另一手進行按摩，兩手重複交替進行。

蝴蝶法

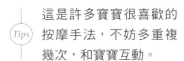 *Tips* 這是許多寶寶很喜歡的按摩手法，不妨多重複幾次，和寶寶互動。

4 整合

可以將雙手從胸部、腹部，順勢撫摸到腳部，一邊撫觸一邊告訴孩子身體各部位的名稱。

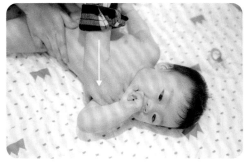

〈附註〉本書的嬰兒按摩方法與程序參考了國際嬰幼兒按摩協會（IAIM）之建議。

14

適合年齡

0~12
個月

按摩小手手

發展重點 嬰兒按摩、情感依附、親子互動

手部的按摩方式和腿部有許多類似之處,皆屬於四肢的按摩。隨著寶寶的成長,手對於學習與探索來說扮演著重要的角色。透過溫柔的撫觸,能讓孩子對於手產生更多的正向情緒與身體覺知。

● 按摩的方法

以下是手部按摩的方法與程序,供家長參考:

1 準備按摩

徵詢寶寶的同意後,將寶寶身上的衣物脫掉。倒一些按摩油在手掌上,並在寶寶面前搓揉雙手,讓他們知道要開始按摩了。

> *Tips* 可以觀察寶寶喜歡在什麼姿勢下按摩,若他們不想躺著按,趴著或坐在大人身上都是可以的。只要寶寶和大人都能感到放鬆舒適,就是最好的按摩姿勢。

2 靜置撫觸

把雙手放置在寶寶的雙手上,並輕聲地告訴寶寶「我要幫你按摩手囉!」。

> *Tips* 開始前,先選擇其中一隻手開始,可以告訴寶寶「我們先按摩右手喔!」。常常告訴寶寶按摩的部位,能幫助他們更快地建立身體的概念。

3 腋下推按法

一手將寶寶的手抬起,另一手用食指與中指指腹按壓腋下。

> *Tips* 此種按摩方式能夠刺激寶寶腋下的淋巴系統,強化他們的免疫力。

4 印度擠奶法（離心）

　　一手握住寶寶的手腕，另一手的手掌從寶寶肩部往上按至手腕處，兩手交替進行。

5 擁抱滑轉法

　　雙手一上一下握住寶寶的手臂，輕柔地做反方向的滑轉動作。

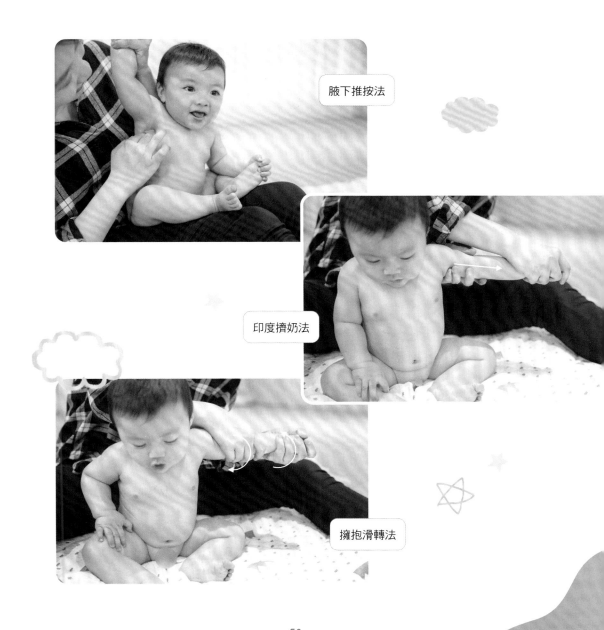

腋下推按法

印度擠奶法

擁抱滑轉法

手掌手指揉捏法

6 手掌手指揉捏法

雙手輪流推按手掌，幫助寶寶把手打開。一手握住寶寶手腕，另一手依序搓揉寶寶的手指頭。過程中可以一邊唱童謠或唱數，並重複多次，幫助寶寶了解手指頭的名稱與數量。

> *Tips*
> 0 ～ 3 個月大的寶寶，剛開始按到手掌時，可能會出現抓握反射，這是非常正常的現象。爸爸媽媽可以重複多次，輕柔地幫助寶寶打開手掌。

手背推按法

7 手背推按法

一手握住寶寶手腕，另一手用指腹輕揉地從手腕朝手指頭的方向推按。

> *Tips*
> 此動作能夠有效地緩和寶寶的情緒，若平常寶寶非常躁動或情緒有波動時，爸爸媽媽也可以輕柔地摸摸他們的手背，幫助他們冷靜下來。

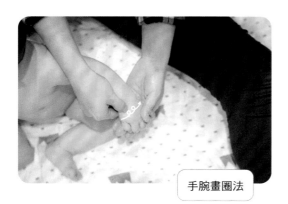

手腕畫圈法

8 手腕畫圈法

沿著寶寶的手腕用大拇指畫螺旋形狀環繞一圈，像是幫寶寶戴手鍊一樣。

9 瑞典擠奶法（向心）

一手握住寶寶手腕，另一手的手掌從寶寶手腕向心按至肩部，兩手交替進行。

10 滾動搓揉法

雙手在寶寶手臂兩側握住手臂，並前後滾動，從肩膀至手腕的方向移動。

11 換另一隻手重複上述步驟

12 整合

雙手都按摩完後，將雙手從肩部順勢往下摸到手指。可以一邊摸一邊唸出名稱給孩子聽：「這是你的肩膀、手臂、手肘、前臂、手腕、手指頭。」

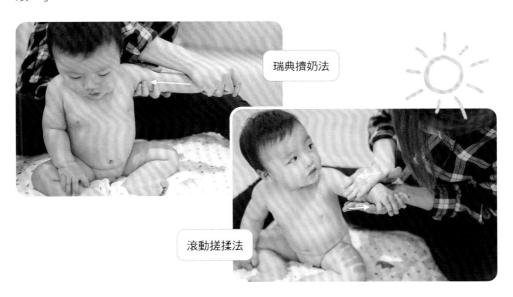

瑞典擠奶法

滾動搓揉法

給爸爸媽媽的話

雖然是嬰幼兒按摩，但其實這一套按摩手法適用於0～99歲的人。隨著寶寶的成長，按摩的形式可能會需要做出一些調整，但只要孩子願意，我們隨時都能用按摩的方式和孩子進行交流與互動，藉由撫觸讓孩子感受到被愛的感覺。

〈附註〉本書的嬰兒按摩方法與程序參考了國際嬰幼兒按摩協會（IAIM）之建議。

15

按摩小臉臉

發展重點 嬰兒按摩、情感依附、親子互動

在過去的教學經驗中，臉部是剛開始接觸按摩的寶寶較容易因敏感而產生排斥的部位，因此，在按摩的過程中，按摩力道盡量要溫柔而穩定，過輕的觸摸反而會讓孩子感到更敏感。若孩子將頭撇開或是哭泣，不需要太緊張，請在他們可以接受的範圍內每次嘗試一點點，慢慢減少臉部敏感的狀況。

● 按摩的方法

以下是臉部按摩的方法與程序，供家長參考：

1 準備按摩

臉部按摩不需要將衣服脫掉，因寶寶臉部面積很小，也不用在手上添加更多按摩油，用之前按摩其他部位殘留的按摩油即可。

 Tips 除了躺著按，也可以讓寶寶躺坐在我們彎曲的大腿上，能夠更容易和他們面對面互動。

2 前額開卷法

雙手指腹從寶寶額頭中間，往兩邊推開至太陽穴的位置。

3 眉心分推法

用雙手大拇指指腹，由中間往外在眉毛上重複推按。

4 鼻樑至頰骨推滑法

用雙手大拇指指腹在鼻樑兩側往上推按，再順著頰骨往下往外按到臉頰。

Tips 當寶寶感冒鼻塞時，此按摩手法可以稍微疏通鼻子，緩解不適。

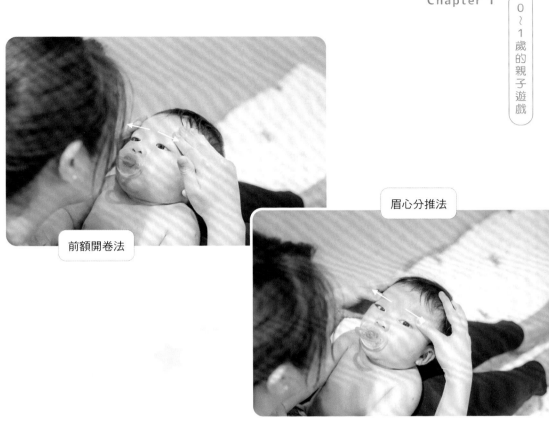

前額開卷法

眉心分推法

鼻樑至頰骨滑推法

5　上唇上方／下唇下方微笑法

　　用大拇指指腹分別在上唇上方及下唇下方，以從中間往外的方向推按。

6　下顎放鬆法

　　用四指在寶寶的臉頰上，朝往上往外的方向畫小圓，按到接近耳朵的位置。

7　耳後頸部提下巴法

　　延續上一個按摩動作，四指從寶寶耳後順著按壓至下巴的位置。

Tips　此動作會按摩到寶寶的淋巴腺，因此可以強化淋巴與免疫系統。

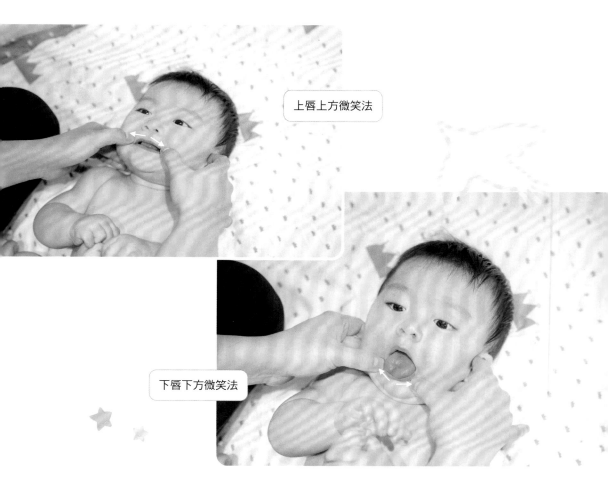

上唇上方微笑法

下唇下方微笑法

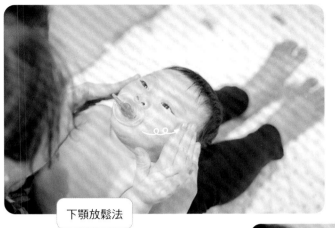

下顎放鬆法

耳後頸部提下巴法

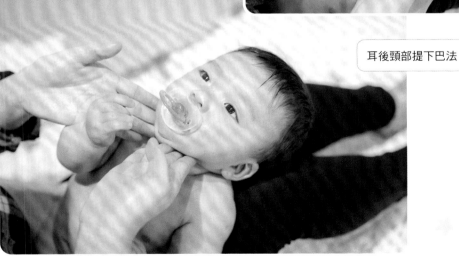

〈附註〉本書的嬰兒按摩方法與程序參考了國際嬰幼兒按摩協會（IAIM）之建議。

按摩小背背

發展重點 嬰兒按摩、情感依附、親子互動

○ ○

寶寶肉眼看不見自己的背部，透過撫觸可以幫助他們建立對背部的身體概念認知。另外，按摩背部能夠有效幫助寶寶放鬆，是非常適合在睡前進行按摩的部位。

○ ○

● 按摩的方法

以下是背部按摩的方法與程序，供家長參考：

1 準備按摩

徵詢寶寶的同意後，將他們身上的衣物脫掉。倒一些按摩油在手掌上，並在寶寶面前搓揉雙手，讓他們知道要開始按摩了。

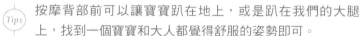

Tips 按摩背部前可以讓寶寶趴在地上，或是趴在我們的大腿上，找到一個寶寶和大人都覺得舒服的姿勢即可。

2 靜置撫觸

把雙手放置在寶寶的背部上，輕聲告訴寶寶「這是你的背部，我要幫你按摩背部囉！」。

3 來回推按法

雙手手掌在寶寶的背部上來回交替按摩。

Tips 雙手可按摩至身體側邊，讓寶寶能夠感受到背部被包覆的安全感。

4 順勢而下A

一手輕輕托住寶寶的臀部，另一手手掌從頸部往下按摩至臀部。

5 順勢而下B

一手支撐寶寶的腳踝，另一手手掌從頸部往下按摩至腳後跟。

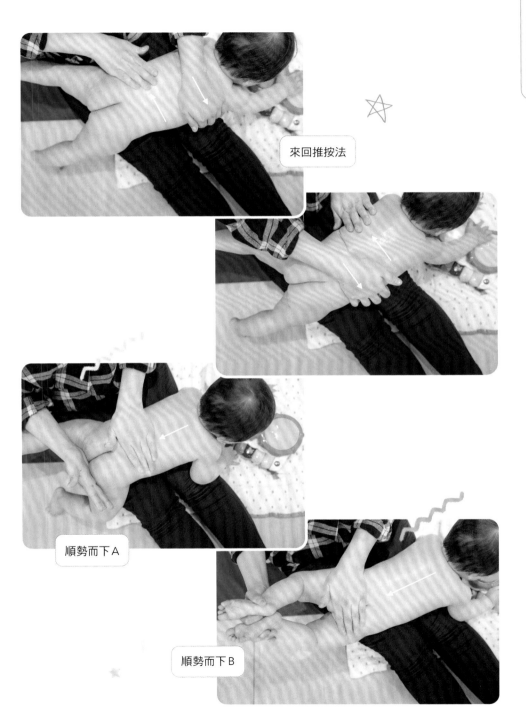

來回推按法

順勢而下 A

順勢而下 B

6 背部畫圈法

　　雙手用四指指腹在寶寶背上畫圈，像是畫上一朵朵小雲一樣。

7 五指成梳

　　手指立起，像梳子一般，中指對準寶寶的脊椎中間，沿著脊椎方向由上往下梳。力道可以越來越輕，速度可以越來越慢。

 Tips　此按摩手法可以刺激寶寶的副交感神經，讓他們能夠感到放鬆。

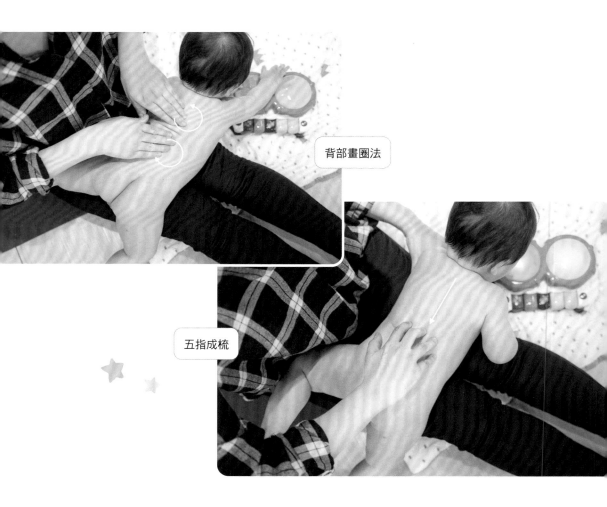

背部畫圈法

五指成梳

〈附註〉本書的嬰兒按摩方法與程序參考了國際嬰幼兒按摩協會（IAIM）之建議。

隨著寶寶成長的按摩調整

　　當寶寶超過6個月大以後，可能已經發展出翻身或爬行的能力，爸爸媽媽也許會發現幫寶寶按摩變得有些困難，以下提出一些建議，配合寶寶的成長來進行按摩：

1　當寶寶變得好動，按摩時間縮短是很正常的。雖然他們大部分時候會處於活動清醒的狀態，但我們可以觀察並把握住安靜清醒的狀態，為寶寶進行按摩。

2　由於按摩時間可能會變得更片段，我們可以按摩寶寶最喜歡的部位，或是將按摩融合於寶寶的生活，像是睡前一邊按摩一邊和寶寶說話、在洗澡時變成遊戲的一部分……等。

3　按摩時可以盡量創造一些能吸引寶寶注意力的方法，像是讓他們手上拿著喜歡的玩具、一邊唱歌一邊按摩……等。

4　當寶寶不願意躺著按摩，可以適時調整按摩的姿勢，像是趴著或坐在大人腿上。

5　當寶寶到了牙牙學語的年齡，可能會很喜歡用說故事或想像遊戲的方式進行按摩，這時我們可以一邊按摩一邊說故事，或是把一些按摩動作做好玩的比喻，以下提供一些遊戲方式供家長參考：

- 畫圖遊戲：想像背部是一張紙，大人在上面畫畫，也可以讓孩子在大人背上用手畫畫。

- 烤肉遊戲：想像小手跟小腳是要烤來吃的肉，要幫肉塗上烤肉醬、撒上調味料等，最後可以和孩子玩親親咬咬的遊戲。

- 拔蘿蔔遊戲：將搓揉手指或腳趾的按摩比喻成拔蘿蔔，讓孩子一邊唱歌或唱數。

- 天氣遊戲：在孩子背上按摩，並將不同的動作比喻成天氣狀況，像是閃電（畫閃電狀）、雲（畫圈）、下雨（點壓）……等。

- 小螞蟻走路遊戲：將大人的手比喻成小螞蟻，在孩子的臉上走路，也可以對著鏡子按摩，讓孩子看到整個過程，增加遊戲的樂趣。

17

大球搖搖搖

發展重點 **肢體動作、感覺統合、親子互動**

在感覺統合的發展中，前庭覺對寶寶而言相當重要。前庭覺可以幫助我們維持良好的姿勢、判斷動作的方向與速度、發展出平衡感……等。適當的搖晃或翻滾活動，可以提供寶寶豐富的前庭覺刺激，促進大腦在處理前庭覺刺激與做出身體反應的過程中，發展出感覺統合能力。

● 遊戲引導與變化

寶寶專屬的大球感覺統合遊戲

利用大球可以滾動、搖晃、彈跳的特質，帶寶寶進行遊戲，可以給予寶寶豐富的視覺、觸覺、本體覺與前庭覺刺激，促進他們的核心肌群與動作發展，也能在過程中和他們有許多親子互動。以下提出幾個好玩的大球遊戲，供家長們參考：

1 趴著前後、左右搖晃

讓寶寶趴在大球上，大人扶著他們的軀幹或骨盆進行前後、左右方向的搖晃刺激，一邊觀察寶寶可以接受的搖晃方向與刺激強度，一邊漸進式地增加搖晃的幅度。

前後搖晃的遊戲可以促進寶寶頭頸部與背肌的發展，我們可以在前方放他們喜歡的玩具或在牆上貼圖片，讓他們伸手去拿或摸。當寶寶更大一些，我們甚至可以增加往前的幅度，讓寶寶往前伸手摸到地板後再回來，並增加往後的幅度讓寶寶腳掌可以碰到地板，給予腳底更多感覺刺激。重複這樣的遊戲過程，通常寶寶都會非常喜歡。

2 躺著前後搖晃

當寶寶躺在大球上時，大球的形狀弧度能夠讓他們的背部得到很好的伸展，而且寶寶一般都很喜歡倒立的感官刺激。此時大人可以輕柔地做前後方向的搖晃，讓寶寶感到有趣且放鬆。

在大球上進行搖晃運動時，寶寶並非只是被動地接受感覺刺激，他們的身體肌肉會需要根據動作姿勢的改變做出相對應的反應，學習肢體

讓寶寶在大球上前後搖晃。可以鼓勵寶寶往前伸手去摸玩具。

可以慢慢增加前後搖晃的幅度，讓寶寶的腳往後踩到地板，增加足底的感覺刺激。

讓寶寶躺在大球上輕柔地前後搖晃，幫助寶寶伸展與放鬆。

左右搖晃的遊戲可以誘發寶寶身體的平衡反應。搖晃過程中，記得隨時觀察寶寶的反應，適時調整刺激的強度。

坐著上下彈跳的遊戲寶寶通常都很喜歡。

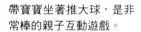

帶寶寶坐著推大球，是非常棒的親子互動遊戲。

運用能力。此外，由於大球運動對於頭部姿勢改變較大，建議等6個月大、寶寶的頭頸部肌肉發展完全後，再開始帶他們玩會更安全喔！

3 坐著前後、左右搖晃

7、8個月大的寶寶，正處於發展坐姿平衡的黃金期，此時我們可以藉由大球坐姿運動，幫助他們發展出更好的平衡能力。大人可以抓住寶寶的骨盆，協助他們坐在大球上，並給予前後左右的搖晃刺激。

剛開始，寶寶可能還未適應如何根據搖晃去調整身體姿勢，可以先以小幅度、輕柔且規律的搖晃為主，先讓他們習慣身體被搖動的感受。等寶寶適應且身體開始能做出回應後，我們再漸漸增加搖動的幅度。

6個月大以後，寶寶會開始發展出「翻正反應」，也就是當身體歪了，會自行發現並調整回來。在大球坐姿運動中，我們可以去觀察寶寶是否已經發展出這項能力，當我們將大球歪向某一邊時，看看寶寶的軀幹是否能往另一邊用力，想辦法讓身體回到正中央。

4 坐著上下彈跳

大人抓住寶寶的骨盆，協助他們坐在大球上，帶著他們做出身體上下彈跳的動作，通常寶寶會非常喜歡這樣的感覺刺激。上下彈跳的前庭刺激能促進頭頸與背部肌力發展，幫助寶寶形成良好的身體姿勢。過程中可以搭配童謠的節奏進行，會讓遊戲更加有趣唷！

5 推推大球

可以讓寶寶坐或站在我們前方，帶著他們把大球往前推，讓他們學習用手臂的力量把球推出去，專心看著球滾回來、並用雙手接住。爸爸媽媽可以一起陪寶寶玩，只有一個人帶寶寶玩時，也可以對著牆壁推。

給爸爸媽媽的話

因為大球會滾動，加上寶寶會扭動的關係，剛開始許多家長可能會覺得大球運動執行上有困難。這是很正常的，不用感到太挫折喔！經過幾次練習，通常可以慢慢抓到掌控的技巧，寶寶也會因為熟悉遊戲而更能維持身體穩定。當彼此都熟悉後，大球遊戲將是非常好玩的親子互動遊戲。建議可以在軟墊上進行，能玩得更安心。

18

我是不倒翁

發展重點 肢體動作、坐姿訓練、親子互動

發展出坐姿對寶寶而言,除了代表頭頸部與軀幹的肌力已經具備對抗重力的能力,也代表著他們的身體有了維持平衡的能力。當寶寶能夠坐著,就能用平行的視野觀察環境、和大人有更多生活上的互動,也開始可以空出雙手進行更多手部操作和生活自理的探索學習,像是坐著把玩玩具、學習抓取桌上的東西吃等。

● 遊戲引導與變化

循序漸進的坐姿練習:寶寶的坐姿發展歷程

在寶寶還不到3個月大時,雖然還沒有發展出坐姿能力,但我們可能會發現寶寶喜歡被直立著抱,或是坐在大人腿上,那是因為他們有著對環境的好奇與想和別人互動的動機,因此更喜歡讓視線保持平視狀態。

4～5個月大的寶寶開始學習在支撐下維持坐姿,我們可以讓他們練習坐在寶寶座椅上玩玩具、吃飯。6～7個月大的寶寶開始學習用手撐著坐在地板上,這時我們可以增加他們的地板遊戲時間,鼓勵他們練習坐在地上保持平衡。8～9個月大的寶寶坐姿穩定度會進步許多,能夠獨立維持坐姿穩定,並空出雙手探索環境或操作玩具。坐姿對寶寶而言是相當重要的發展動作,我們可以在不同階段觀察寶寶的發展,並且給予適當的引導與陪伴。

坐姿平衡訓練:促進動態平衡的遊戲

寶寶在發展坐姿的過程中,會練習到許多身體平衡的感知,剛開始學習坐姿的寶寶,會先學如何保持靜態平衡,也就是讓自己的身體維持在中立穩定的狀態,不會過度歪斜或傾倒。

當寶寶正處於學習靜態平衡的階段,我們可以增加他們的坐姿練習時間、給予安全的環境支持,多陪他們玩並給予正向鼓勵。若發現寶寶維持姿勢的能力較弱,也可以稍微扶著他們的骨盆幫助維持穩定。

鼓勵寶寶伸手去拿身邊的玩具，在重心轉移的過程中保持身體平衡。

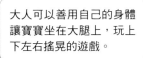

大人可以善用自己的身體讓寶寶坐在大腿上，玩上下左右搖晃的遊戲。

過程中可以搭配兒歌和寶寶互動，通常寶寶都會很喜歡。

讓寶寶坐在充氣軟墊上，感受搖晃帶來的感覺刺激。

在有保護的情況下，讓寶寶坐在搖搖板上練習身體平衡。

在寶寶能夠坐穩之後，我們就開始引導他們發展出動態坐姿平衡，也就是在坐姿下移動身體重心的能力。發展出動態坐姿平衡，除了可以幫助寶寶坐著玩玩具不跌倒，也是從坐姿轉位到爬行姿勢的基礎能力喔！以下是幾個可以幫助寶寶從靜態平衡發展到動態平衡的親子遊戲建議，供家長們參考：

1 伸手拿玩具

當寶寶維持坐姿時，我們可以把玩具放在寶寶身邊，鼓勵他們伸手去拿，讓他們學習在身體重心轉移的過程中保持平衡。剛開始，東西可以放在視線前方、靠近寶寶之處，增加他們的成功經驗與自信心。等寶寶進步了，可以試著將物品放遠一點、放在不同方向（前後左右）或小桌子上。

2 不倒翁遊戲

當寶寶坐著時，我們可以和他們玩不倒翁遊戲，在寶寶面前輕推他們的身體，讓他們練習不要被推倒。

3 大腿騎馬遊戲

讓寶寶跨坐在我們的大腿上，跟他們玩上下、左右晃動的遊戲，讓他們學習在搖晃的過程中保持軀幹平衡。可以一邊唱歌，一邊配合旋律搖晃，開心地和寶寶互動。

4 坐在會搖晃的軟墊或搖搖板上

當寶寶已經可以穩定地坐在地墊上，我們也可以試著讓他們在有保護的情況下，練習坐在不平穩的物品上保持平衡，像是充氣軟墊、大球或搖搖板等，誘發出寶寶更多的平衡能力！

Q & A

為什麼我家的寶寶喜歡 W 坐姿？

所謂的 W 坐姿，就是將雙腳往後反折，呈現「W 型」的坐姿。由於這樣的姿勢需花費的軀幹力氣較少，對平衡能力的考驗也較低，相較於一般盤腿坐姿而言，是更為輕鬆的姿勢。若寶寶大部分的時間都喜歡維持這種坐姿，可能代表他們下肢肌肉的張力較低、缺乏軀幹力氣或平衡能力較不足，因此要盡量協助他們調整成盤腿坐姿或坐在小椅子上。如果長時間放任寶寶維持 W 坐姿，可能會造成髖關節內轉、大腿內側肌緊縮等問題，進而讓寶寶將來走路呈現內八姿勢，需多觀察與留意。

19

毛毛蟲爬爬爬

發展重點 肢體動作、環境探索、親子互動

○○○

6～8個月大的寶寶，會開始發展出像毛毛蟲貼地爬行的動作；8～10個月大的寶寶，則會發展出像小狗肚子離地爬行的動作。這個時期是寶寶藉由爬行來探索和認識環境的黃金期，多讓寶寶爬行不但有助於滿足他們活動的需求，也能促進四肢與雙側動作的協調。

○○○

🔘 遊戲引導與變化

用物品吸引孩子往前爬

當孩子趴在地上時，我們可以先用東西吸引他們注意，當他們想伸手去拿的時候，故意把東西放在離孩子有一點距離的地方，鼓勵他們往前爬。如果孩子一直沒有往前爬的動作，可以協助他們彎曲一邊的腳，讓他們學習藉由把腳往後踢讓身體往前移動。

四點撐與四點爬的練習

當孩子學會貼地爬以後，可以開始帶著他們練習肚子離地四點撐的動作，扶著他們的屁股或是將他們的肚子托高，都是不錯的動作引導技巧。倘若孩子能維持四點撐動作，甚至能在四點撐的姿勢下前後搖晃，代表他們快要學會離地爬的動作囉！

善用示範幫助孩子學習

除了拿東西放在孩子前方，鼓勵他們爬過去拿之外，大人也可以在孩子旁邊示範爬行的動作給他們看，讓他們試著去模仿。

我們可以將手放在孩子
肚子下方，幫助他們練
習四點撐地的動作。

把吸引孩子的物品
擺在前方，鼓勵孩
子往前爬。

Q & A

如果孩子跳過爬行的發展，直接學會扶東西站起來，有關係嗎？

其實，每個孩子的發展歷程不盡相同，發展出動作的時間點也不一定完全一樣。而
且現在很多居家空間較為狹小，不知不覺中可能限制了孩子練習爬行的機會。由於
爬行動作能提供左右大腦刺激，對四肢協調發展也有許多益處，因此跳過爬行的孩
子，還是會建議爸爸媽媽試著營造環境與機會，鼓勵孩子多練習爬行的動作喔！

20

爬小山、過山洞

發展重點 肢體動作、環境探索、親子互動

當寶寶發展出爬行的動作以後，會非常喜歡到處移動、探索環境，他們會透過爬行的過程認識自己的身體和環境間的關係。我們可以製造不同的爬行環境，給予寶寶更多不同的感覺刺激與動作經驗。

● 遊戲引導與變化

爬過障礙物：練習肢體運用

我們可以拿家中的枕頭、捲起來的毛毯或地墊等物品，製造環境中的高低變化，前方擺放玩具或站著大人吸引寶寶爬過障礙物。

不同於在平坦地面上的爬行動作，有高低變化的爬行經驗能促進寶寶的肢體運用能力更上一層樓，像是提供手要先往上撐、大腿抬高跨越等動作經驗。

將捲起的瑜伽墊當作障礙物，鼓勵寶寶爬行跨越。

穿過山洞：建立空間概念

若家中有山洞玩具，我們可以在山洞終點呼叫寶寶，鼓勵他們爬過山洞找爸爸媽媽，或將玩具放在山洞裡鼓勵他們爬進去拿取。若家中沒有山洞玩具，也可以使用呼拉圈，上面綁上手帕或絲巾，鼓勵寶寶爬過去。

在這些爬行遊戲中，寶寶會建立前後的深度空間概念，也能增加爬行的樂趣與親子互動。

山洞遊戲能讓寶寶大量練習爬行，也能建立視覺深度空間概念。

將絲巾或手帕綁在呼拉圈上，鼓勵寶寶爬過去。

Q & A

為什麼我家的寶寶就是不敢爬過障礙物或爬進山洞裡玩呢？

每個寶寶的個性不同，有些寶寶天生氣質屬於謹慎觀察型，對於不同的遊戲方式，往往會需要更多時間去觀察與評估，才願意慢慢嘗試。以爬山洞的遊戲為例，有些寶寶會怕裡面黑黑的，或是擔心爬進去後不知道要怎麼出來，而堅持不肯爬進去。我們可以在寶寶對面呼叫他們的名字，讓他們看到我們的臉並聽見聲音，也可以製造機會讓寶寶看別的孩子爬，透過觀察去了解遊戲過程，增加參與和模仿的動機。

21

翻翻小書、認識圖片

發展重點 認知概念、口語發展、親子互動

在寶寶1歲前，學習的吸收速度是非常快速的，雖然寶寶可能尚未發展出口語能力，但把握這一年的時間，時常創造能刺激學習的環境，增加他們認知發展的機會，能為接下來的認知與口語發展做好更充足的預備。

● 遊戲引導與變化

創造親子共讀的時光：繪本的選擇

大約從寶寶6個月大起，我們就可以開始培養親子共讀的習慣。起初可以先從布書開始，一方面是因為布書能讓寶寶盡情地揉捏而不會壞掉，另一方面是布書的頁數少、內容簡單，可以讓共讀的過程更容易進行。

布書能讓寶寶盡情揉捏、撕貼，適合給剛開始嘗試看書的寶寶閱讀。

這個時期的共讀重點會擺在認識書中圖片與培養閱讀習慣為主，我們可以把閱讀布書的活動放進每天的生活例行公事中，例如每天飯後或睡前都安排一段親子共讀的時間，慢慢去建立寶寶閱讀的習慣。

大約9個月大時，我們可以讓寶寶試著去閱讀厚紙板書，這時的遊戲重點在於學習自己翻書與觀察書中更多的細節。像是帶寶寶看狗狗的圖片時，除了告訴他們這是狗狗以外，也能進一步觀察狗狗的耳朵、眼睛、鼻子、嘴巴等，或是帶著他們觀察狗狗正在做什麼，增加他們對圖片的觀察力。寶寶1歲以後，我們可以開始提供遊戲書，像是能夠推拉、掀翻、按壓聲音、轉動、撕貼、有特殊觸感的書本等，讓他們可以藉由遊戲互動的方式，提高對閱讀的興趣。

厚紙板材質的書會讓
寶寶更容易翻閱。

可以帶寶寶玩能夠掀翻
的遊戲書，增加他們參
與的興趣與動機。

好玩的觸覺書能讓寶寶
一邊認識圖片，一邊摸
摸不同材質的布。

魔鬼氈遊戲書很適合
給1歲前的寶寶反覆
撕貼、認識圖片。

讓生活充滿學習的可能：居家環境的營造

　　生活的忙碌可能會使我們常常忘記帶領寶寶學習，因此我會建議在家中製造處處學習的可能，除了增加寶寶的學習機會，也是提醒大人每天可以撥空帶領寶寶學習。

　　最簡單的方法是在隨處可見的地方貼上圖片，印一些簡單的圖片護貝或是購買生活圖卡，貼在寶寶平日遊戲的地方。當寶寶注意到這些圖片時，我們可以不斷告訴他們這些圖片的名稱，幫助他們建立生活詞彙。

　　圖片的選擇可以做類別上的更換，像是生活物品、動物、交通工具、蔬果等，也可以用顏色或形狀的形式來呈現給寶寶看，例如把紅色圖卡貼在一起，帶領寶寶建立初步的顏色或形狀概念。

平常可以把圖片貼在家中的牆上，幫助寶寶建立生活詞彙。

把一樣顏色的圖卡貼在一起，引導寶寶認識顏色。

22

小腳腳向前走

發展重點　肢體動作、站立行走訓練、親子互動

當寶寶大量練習爬行一段時間、累積足夠的肌力後，我們會發現他們開始想要扶著東西跪著或站立，慢慢地也會發展出扶物側走、放手站、放手往前走等能力。站立和走路是非常重要的動作里程碑，代表寶寶能夠更快速地到達想去的地方，也能用更寬廣的視野去探索環境了。

● 遊戲引導與變化

走路前的練習：扶物跪、站、蹲與側走的遊戲引導

　　足夠的爬行經驗，可以讓寶寶的軀幹與四肢快速累積肌力和協調性，對於下個階段的站立與走路發展而言很重要。8～10個月大的寶寶已經學會並練習小狗爬一段時間了，他們可能會開始扶著東西跪著或站起來。當寶寶出現扶物跪或站的動機以後，我們可以準備好安全的環境，把他們想拿取的物品放在小椅子或桌子上，鼓勵他們練習扶著東西變成高跪姿，再從跪姿扶著東西站起來去拿取物品，並且在跪姿或站姿下玩玩具。反覆練習這些動作的過程，可以讓寶寶下肢承重並累積足夠的肌力。

　　當寶寶可以維持扶站姿勢一小段時間後，我們可以開始在他們扶站時，把玩具放在一小段距離遠的地方，鼓勵他們扶著沙發或桌子邊緣側走過去拿取。在往側邊行走的過程中，寶寶會學習到骨盆的左右重心轉移與雙腳的協調配合，是發展出放手走之前的準備練習。

　　在寶寶扶站或扶走的過程中，我們也可以故意把東西放在他們的腳邊，鼓勵他們扶著家具彎腰或蹲下去拿。剛開始可能會發現寶寶為了撿東西而直接跪坐到地上，不用太緊張，隨著他們反覆練習這個動作，下肢控制能力提升以後，大約在12個月大時就能成功做出彎腰或蹲下撿東西的動作。

　　若寶寶在做跪姿、站立、側移或蹲下動作時身體重心不穩且容易跌倒，可以在後方輕扶他們的骨盆協助穩定，給予他們安全感與成就感。

將玩具擺在小椅子上，
讓寶寶練習扶著椅子維
持高跪姿。

把寶寶想拿取的物品放在桌子上，鼓勵他們扶著桌子站起來。

若寶寶站立或側移時會重
心不穩，我們可以在後方
扶著骨盆協助穩定。

讓寶寶盡情享受走路的樂趣：練習走走的親子遊戲

　　大部分的寶寶會在12 ～ 15個月大的期間，成功發展出放手站立與行
走的動作。對許多爸爸媽媽而言，寶寶第一次學會放手站和放手走，是
個難忘的珍貴回憶。不過對寶寶來說，要學會放手站立和行走並不是那
麼容易的。首先要有足夠的身體與下肢肌力，能夠穩定支撐整個身體的
重量，再來需要有良好的平衡感與重心轉移能力，最後，還要克服心理
障礙。

　　許多個性謹慎、害怕跌倒的寶寶，可能已具備足夠的動作能力，但
需要較多時間克服心理上的關卡，也會較晚發展出獨立行走的動作。對
寶寶的動作發展而言，反覆練習就是最棒的學習，以下提供幾個簡單的
親子遊戲，供想帶寶寶多練習走路的家長們參考：

1 找爸爸或媽媽

　　可以站在寶寶面前，讓他們學習走一段距離來給爸爸媽媽抱一個。
若寶寶還不會放手走，也可以由爸爸或媽媽其中一人牽著手，在協助下
練習走路。想引發寶寶的好奇心和興趣的話，爸爸媽媽也可以跑去躲起
來，不斷發出聲音呼喊寶寶，讓他們循著聲音走路去尋找。

2 推東西走走

我們可以找家中能讓寶寶推著走的學步車、小推車或小椅子等，在有大人陪同、協助控制速度的情況下，讓寶寶學習推著東西往前跨步。

3 送玩具回家

這個時期的寶寶通常很喜歡拿放東西的遊戲，我們可以讓他們練習走路去把地上的玩具拿回箱子中。剛開始寶寶可能不懂規則，可以示範給他們看或牽著他們去做，用遊戲的方式來進行。透過反覆練習讓寶寶理解之後，不僅可以練習走路，也能趁機建立寶寶收玩具的好習慣。

大人可以從旁協助，陪寶寶練習推著東西行走。

4 丟球撿球

帶著寶寶練習站著丟球，再走路去把球撿回來。過程中能讓寶寶練習在手臂揮動時，身體仍保持平衡，專心看著球移動的過程，則能建立眼球快速追視的能力與視覺專注力，是非常棒的親子遊戲。

5 戶外遊戲

想大量讓寶寶走走路，帶出去戶外空間是最好的選擇。如果天氣允許，不妨多帶寶寶到公園草地、動物園或大賣場等有足夠走路空間的場地，讓寶寶可以盡情享受走路探索環境的樂趣。

\\\\\\ 小提醒 //////

以上活動建議家長都要在一旁陪伴寶寶。雖然陪寶寶走路對大人而言是個耗費體力與精神的過程，但在寶寶喜歡走路的時期多讓他們盡情地走，不但能滿足大腦的感覺統合發展，也是未來許多肢體協調動作發展的基礎。

帶著寶寶練習走路去找小球,並撿回來收進箱子中。

Q&A

寶寶幾歲時還不會放手走需要去評估發展呢?

一般而言,若超過1歲半寶寶還完全不會站或走,會建議家長可以到醫院看診,請專業的醫生或治療師評估寶寶是否有特殊狀況需要介入協助。

我的寶寶常常踮腳尖走路,有關係嗎?

許多家長會發現,寶寶學會走路後常常喜歡做出踮腳尖的動作,要判斷是否需要帶他們去檢查,爸爸媽媽可以先觀察與確認幾個部分:寶寶踮腳尖的頻率、能否靠自己的力量把腳後跟踩下去貼地、動一動寶寶的腳踝是否有肌肉緊繃的感覺。若寶寶可以將腳踩平貼地,轉動腳踝時也沒有特別緊繃的感覺,就不用太擔心。假如寶寶大部分時間都踮著腳尖、很少將腳後跟踩下去,轉動腳踝時似乎也有緊繃的跡象,有可能是寶寶下肢肌肉有不正常的張力,建議盡早就醫讓專業醫師或治療師進行評估。

Chapter 2

1～3歲
的親子遊戲

過了1歲以後，孩子的移動能力會快速進步，他們每天都有著滿滿的好奇心，一睜開眼睛就想玩。這時期的孩子喜歡跑跑跳跳來獲得感覺統合的滿足感，也喜歡操作性的活動，他們會透過動手做的過程，學習到許多認知概念並累積精細動作的技巧。家裡是他們最好的遊戲場，隨手可得的生活物品都可以是好用的教材，和孩子一起創造好玩的遊戲，將會是親子間難忘珍貴的回憶。

23

踩踩不一樣的地板

發展重點 肢體動作、感官遊戲、親子互動

○○○

當孩子開始會站立或走路以後,便進入足底肌肉發展的黃金期,讓他們嘗試踩踏不同質地觸感的地板,有助於讓足底接收不同的感覺輸入,刺激足底肌肉與感覺統合的發展。

○○○

● 遊戲引導與變化

豐富的足底觸覺刺激有助於感覺統合發展

　　每當接觸到新的感覺刺激,都是孩子開啟感覺統合發展的好機會。孩子會在接收感覺刺激後,學習去辨認、調適與整合這些感覺訊息,並做出合適的反應,此即感覺統合發展的歷程。以下提出幾種觸覺遊戲建議,供家長們參考:

1　踩大自然中的沙子、泥巴

　　大自然就是孩子最棒的教室,有機會可以多讓他們赤腳去接觸大自然中的沙子或泥巴,感受沙子和泥土帶來的觸覺刺激。由於沙子和泥巴流動鬆散的特質,會讓孩子踩踏時有凹陷下去的感受,和平常走在平地上是完全不同的感覺,而踩在軟軟的材質上也會刺激大腦啟動更多的平衡機制來保持身體平衡。

2　自製足底觸覺板(或觸覺盒)

　　在家中,我們可以找一些不同材質或觸感的物品來讓孩子玩踩踏遊戲,像是把物品放進盒子中或黏在巧拼墊上,製造出簡單又好玩的觸覺盒或觸覺板,讓孩子感受不同物品帶來的觸覺回饋。同時,也可以在遊戲過程中描述不同物品的特質給孩子聽,例如:這是軟軟的棉花、硬硬的小鈕扣等。

　　可以用來製作觸覺板的物品有:豆子、沙包、棉花、菜瓜布、氣泡紙、地毯、小棉球、不同材質的紙或布料、軟墊等,各位讀者不妨發揮創意想想看。

在盒子中放入沙包、棉球、豆子、棉花，變成孩子最愛的觸覺盒。

將不同材質的物品裝在盒子中，讓孩子去踩踏感受。

在巧拼墊上黏上菜瓜布、地毯、鈕扣、瓦楞紙、氣泡紙後，就搖身一變成為好玩的觸覺體驗道路了。

帶孩子走在上面，感受不同物品帶來的觸覺回饋。

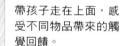

一起摸摸觸覺盒中的東西，形容物品的觸感給孩子聽。

不同材質的軟墊，能帶給孩子豐富的觸覺刺激。

3 腳丫畫畫遊戲

　　準備一張大張的圖畫紙，讓孩子腳底沾上一些顏料，在紙上走路蓋腳印，通常他們都會樂此不疲。黏黏稠稠的顏料能帶給孩子很特別的觸覺刺激，也能滿足他們喜歡玩髒ㄅㄨ遊戲的內在渴望。

　　玩髒ㄅㄨ遊戲前，可以先在地板鋪上塑膠袋或報紙，方便後續清潔，也可以直接讓孩子在廁所裡玩，或把遊戲時間安排在洗澡之前，讓孩子玩完就能直接清洗乾淨。

〟〟〟〟 小 提 醒 〟〟〟〟

以上介紹的遊戲，除了可以讓孩子用腳去踩踏，也可以多鼓勵他們用手或不同身體部位去觸摸感受。

腳丫畫畫遊戲

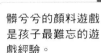
髒兮兮的顏料遊戲是孩子最難忘的遊戲經驗。

Q & A

為什麼我的孩子都不敢踩沙子或觸摸不同材質的物品呢？

每個人天生的感覺接受閾值不同，因此對於不同外在刺激產生的感受強度也不同。有些大部分孩子可以接受的刺激，對於某些感覺閾值較低的孩子來說太過刺激，而對於某些感覺閾值較高的孩子而言又是沒有感覺的。因此，感覺閾值較高或較低的孩子，在感覺調節上可能會比一般孩子需要更多時間去調適。

面對感覺閾值較低、觸覺敏感的孩子，漸進式地帶領他們接受不同的感覺刺激是很重要的。以玩沙活動為例，若孩子一開始無法接受觸碰沙子，不需強迫孩子，可以先讓他們在一旁觀察其他人玩。等孩子漸漸願意靠近時，我們可以準備玩沙的用具，讓他們能夠參與沙坑遊戲但不需直接碰觸沙子。隨著遊戲次數與經驗增加，通常孩子會慢慢調適並且接受，當他們願意去觸摸沙子，代表大腦已經能夠成功調節這項感覺刺激了。若初期過度強迫孩子、逼迫他們接受，反而會造成反效果，讓孩子對於某些害怕的感覺刺激產生更大的心理障礙。

除了感覺系統較敏感的孩子以外，有些孩子可能因為被保護得太好而缺乏相關感覺統合經驗，進而產生抗拒的情形。因此，雖然可能會弄得髒兮兮的，但多讓孩子在不同場域中玩耍，是幫助他們發展感覺統合能力的不二法門。

24

走路真有趣

發展重點　**肢體動作、環境探索、親子互動**

1歲過後，孩子會很享受走路的樂趣，喜歡到處行走探索。這時期可以製造有趣多變的環境，讓孩子學習一邊走路一邊專心看，發展出更好的肢體協調能力與平衡感。

● 遊戲引導與變化

製造好玩的情境：走路的進階練習

當孩子已經能夠放手走，我們可以在環境中創造不同的遊戲機會，讓孩子學習各種動作技巧，幫助他們提升感覺統合能力，走得更好更穩，並增強自信心與成就感。以下提供幾個簡單的居家遊戲，供家長參考：

1　在地上擺放障礙物，鼓勵孩子繞過去

我們可以準備一些物品擺在地上，鼓勵孩子注意環境中的障礙物並學習繞過去。剛開始可以放較大的家具，像是椅子、桌子、懶骨頭等，讓孩子一眼就能注意到。等孩子進步以後，我們就放一些較小的物品，像是三角錐、杯子、玩具等，讓他們練習一邊走一邊注意腳下的安全。

Tips　這時期的孩子，持續專注的時間較短，常常會玩一下下便想跑走，去玩別的東西，我們可以給予簡單的活動任務，拉長他們參與遊戲的時間與練習的次數，像是送小動物回家、帶著車車去停車場等。

2　鼓勵孩子跨過桿子或圈圈

我們可以拿著桿子或圈圈，鼓勵孩子試著將腳抬高並跨過去，桿子或圈圈可以根據孩子的動作能力調整高度。剛開始他們可能會因為怕跌倒而不敢跨過去，我們可以先從較低的高度開始練習，或是牽著孩子的手跨過去。等孩子累積足夠的下肢肌力與動作經驗以後，再慢慢增加動作難度並減少協助。

桿子可以自由調整高
度，鼓勵孩子試著將
腳抬高並跨過去。

呼拉圈是很好用的
道具，可以讓孩子
練習控制動作、進
出圈圈。

在帶孩子玩遊戲的過程
中，我們可以試著給予
「最少的協助」，像是
從牽兩隻手、牽一隻
手，到輕輕扶著孩子的
身體給予安全感等，逐
步減少對孩子的協助，
幫助他們發展出身體
上與心理上的獨立與自
信。

3 用繩子或彩色膠帶製造道路

　　可以將繩子或彩色粗膠帶黏在地
上，製造出視覺上的道路，並鼓勵孩
子練習走在線上。剛開始可以先貼直
線或製作比較寬的道路，等孩子進步
以後，再慢慢增加遊戲難度，像是製
造彎道、縮減寬度……等。

4 尋寶遊戲

　　把玩具藏在不同位置，鼓勵孩子
走路去找出來。也可以在不同地方貼
上可愛貼紙，像是櫥櫃、椅子、地上
等，引導孩子走路去尋找貼紙，讓他
們一邊運動一邊培養專注力。

在家中可以將彩色粗膠
帶黏在地上，鼓勵孩子
沿著線前進，培養專注
力與平衡感。

\\\\\\ 小 提 醒 \\\\\\

　　上述的幾項遊戲都能培養孩子理解規則的能力，剛開始孩子若因不理
解而不知道如何配合，大人可以解釋給他們聽、示範給他們看，並帶
著他們實際做一次。孩子在理解規則之後，就能享受更多遊戲的樂趣
囉！

25

適合年齡

1~3
歲

爬上爬下的遊戲

發展重點 肢體動作、環境探索、親子互動

1歲半以後，孩子可能會很喜歡爬上爬下，這時期的孩子因動作能力提升，會非常喜歡追求有一點高度變化的遊戲。因此，我們可以透過一些遊戲引導，滿足孩子發展上的需求，並促進感覺統合能力。

● 遊戲引導與變化

高高低低的遊樂場：爬上爬下好開心！

當我們發現孩子喜歡在家中爬上爬下時，雖然增加了照顧上的辛苦，但值得開心的是，這代表孩子在動作與心理上的發展都邁向了下一個階段。在大人眼中看似「搗蛋」的行為，對孩子而言，都是在發展動作能力與自我概念的重要過程。

孩子看到沙發上的遙控器時，通常會先靠在沙發上伸手去拿，假如發現拿不到，可能就會開始在腦中思考「要怎麼爬上去呢？」、「右腳先上還是左腳先上？」、「需不需要找其他東西來墊高？」、「會不會跌倒呢？」……等問題。透過這些思考與執行動作的過程，孩子會慢慢累積出不同的動作經驗與環境概念，像是不同的家具有不同的爬法、哪些高度是在能力範圍內可到達……等。

既然阻擋不了孩子爬上爬下，那就在有空的時候，設計遊戲陪孩子安全、盡興地玩耍吧！以下提供一些居家活動建議，供家長參考：

1 選定一個遊戲範圍，讓孩子反覆盡情地爬

我們可以先在家中選定一個遊戲範圍，例如沙發、床邊，並在周遭的地板上鋪軟墊，在陪伴下讓孩子反覆練習爬上爬下，像是鼓勵孩子爬到沙發上拿玩偶，再帶著玩偶下來放進地上的箱子中。透過遊戲增強孩子上下大型家具的能力，也能增加平常孩子自己上下沙發或床鋪時的安全性。

1歲半後，我們就可以教導孩子「安全範圍」的概念。透過反覆引導讓孩子知道，家中哪些地方是安全且可以爬的、哪些地方是危險且被限

制的,例如:沙發可以爬上去,但櫃子或窗台不行,讓孩子清楚知道平常的遊戲界線與範圍。雖然剛開始孩子可能還是會想偷偷嘗試一些「危險地帶」,但當我們用堅定的態度明確規範孩子,他們就會慢慢養成好的遊戲習慣與安全概念。

2 爬樓梯

樓梯是日常生活中普遍會遇到的場域,也是讓孩子累積肌力的好地方。雖然帶著孩子練習走樓梯,對大人而言是個辛苦又耗費體力的過程,但對於孩子來說,卻是非常重要的發展項目。

爬樓梯的過程除了讓孩子大量消耗旺盛的體力,更重要的是能累積許多肌肉力氣、肢體協調、空間概念與平衡能力。1歲〜1歲半時,可以先在家中牽著孩子,練習走上有一點高度的小台階;1歲半後,可以在陪同下讓孩子練習用爬行或扶著欄杆的方式上下樓梯;2歲〜3歲間,可以引導孩子練習兩步一階上下樓梯;3歲〜4歲間,可以觀察孩子是否發展出一步一階走上樓梯、兩步一階下樓梯的能力。

若有足夠的練習經驗,大部分的孩子到了4歲時,就能發展出流暢地一步一階上下樓梯的動作。

3 帶去公園玩

公園是個最能滿足孩子爬上爬下需求的地方。在家長陪同的情況下,可以多鼓勵孩子自己爬上遊戲器材、溜滑梯等,都是很棒的感覺統合活動喔!

26

1~3 歲

好好玩的球球

發展重點 肢體動作、手眼協調、親子互動

1～3歲的孩子很喜歡玩丟東西的遊戲，主要因為發展出了揮動手臂丟擲的動作，也喜歡看到東西飛出去或滾出去的視覺刺激。多陪孩子玩球類遊戲，可以幫助他們累積手臂肌力、手眼協調與動作反應。

● 遊戲引導與變化

最棒的育兒神器：一顆球就能變化出超多遊戲！

　　球，是孩子成長過程中最簡單也最好玩的玩具。陪孩子玩球，可以創造親子互動時光，也能讓孩子學習專注地追視移動中的球，在大腦中整合視覺訊息與肢體動作，促進對動作力道和方向的控制。以下提供幾個適合在家中跟孩子玩的球類親子遊戲，供家長參考：

1 跟大人丟接球

　　1～2歲之間，我們可以準備有彈力的小皮球，鼓勵孩子用雙手舉高的方式，把球往爸爸媽媽的方向丟。爸爸媽媽接住後，用滾地的方式傳回給孩子，並反覆練習這樣的遊戲過程，讓孩子學習在揮動手臂丟球的同時身體保持平衡，且試著控制丟球的方向。2～4歲之間，可以在距離孩子2～5步的範圍內丟小皮球給孩子，鼓勵孩子伸手將球接住。

　　對於剛開始練習丟接球、尚無法掌控技巧的孩子，大人可以在過程中給予他們立即的回饋，例如告訴孩子「丟大力一點」、「輕輕丟」、「往媽媽的方向丟」……等等，幫助孩子了解動作技巧。若孩子對於接球的時間點難以掌握、常常會反應不過來，我們可以先引導他們把手伸出來準備好，並在丟球前喊出「1，2，3，丟！」，給予孩子聽覺的提示。

2 球球投籃

　　準備大紙箱和幾個彩色的小球或沙包，鼓勵孩子站在定點，把球瞄準目標丟進去。剛開始練習時，箱子越大越好，能幫助孩子建立成功的經驗。當孩子進步後，再慢慢縮小紙箱的尺寸或拉長丟擲的距離，增加遊戲難度。

100

丟接球是非常棒的親子
互動遊戲，可以和孩子
有很多面對面的交流。

家中的紙箱或置物
籃也可用來讓孩子
練習對準丟擲。

在前方擺一些紙板或玩偶，讓孩子用小球或沙包丟擲，促進手眼協調發展。

孩子剛開始可能會無法理解「站在定點丟」的意思，我們可以引導他們站在圈圈或巧拼墊上，給予明確的視覺提示。

3 打擊怪獸

可以在孩子前方擺設幾個玩偶，或是在牆上貼一些能夠吸引他們注意的圖片，讓他們試著丟擲小球或沙包去擊中目標。這個活動通常能引發孩子的興趣，不但能滿足想丟東西的慾望，還能發展出良好的手眼協調能力。

4 拍拍氣球

這個年齡的孩子通常很喜歡氣球，氣球會飛來飛去的特性，對他們而言是非常具有吸引力的視覺刺激。由於孩子可能還無法將不穩定的氣球控制得很好，我們可以把氣球綁上繩子，吊掛在天花板或門上，讓孩子練習用手掌或軟棒對準拍打。

5 踢倒瓶子

1歲半的孩子已經可以成功模仿出踢球的動作，2～3歲的孩子甚至能稍微控制踢球的方向。我們可以準備幾個瓶子（上面貼上孩子喜歡的圖案）擺在孩子前方，鼓勵他們對準目標踢球。

初期可以把瓶子擺在離孩子很近的前方，讓他們很容易就能踢倒，累積成功經驗與自信心。當孩子的動作能力進步了，就試著把瓶子擺遠一點、增加瓶子的重量（可以在瓶中放入豆子）、把瓶子擺在不同方向上（左／中／右）……等等，增加遊戲的難度。

貼上孩子
喜歡的圖片

喝完的寶特瓶別急著丟，可以拿來讓孩子練習踢球。在瓶身貼上吸引孩子的圖片或貼紙，能引發遊戲動機並讓他們專心看。

27

適合年齡

1～3
歲

跳跳遊戲

發展重點 肢體動作、感覺統合、親子互動

1歲半過後，孩子會開始想要嘗試雙腳跳躍，但可能還無法成功地跳起來。大部分的孩子在2歲～2歲半間，會成功做出雙腳同時離地跳躍的動作，這對他們來說是個重要的發展里程碑。這個時期多和孩子玩跳躍遊戲，不但有助於感覺統合的發展，也能讓活力滿滿的孩子有機會盡情運動，消耗旺盛的體力。

● 遊戲引導與變化

刺激大腦感覺統合發展的養分：好好玩的跳跳遊戲

在跳躍的動作中，孩子可以獲得很多感覺輸入，包括視覺、觸覺、本體覺與前庭覺等刺激。因此，2歲以後的孩子很自然地就會喜歡一直跳，藉此幫助自己獲得更多的感覺動作經驗。

這個時期，我們可以透過一些簡單的親子遊戲陪孩子享受跳躍的樂趣，讓他們有機會能夠充分活動身體，從動作中獲得更多成就感與自信心。以下提供一些居家親子遊戲建議，供家長參考：

1 跳跳擊掌遊戲

與孩子玩跳高高跟大人擊掌的遊戲。可以慢慢增加手的高度，鼓勵孩子練習越跳越高，或是在手上拿樂器，讓他們跳起來拍，聲音的回饋能為遊戲增添不少樂趣。

另外，也可以在牆壁不同高度處貼上吸引孩子的圖片，鼓勵他們跳起來拍，或是貼上不同顏色的色紙，指定顏色請孩子去拍，引導他們在活動中養成專注聆聽的習慣。

2 兔子闖關遊戲

可以跟孩子一起發揮想像力，一邊說故事一邊想像自己是兔子，學小兔子跳跳去完成任務，例如拜訪動物娃娃、尋找積木寶藏等。這樣的遊戲除了能讓孩子不斷地跳，也能增加許多表達想法的機會，通常孩子都會覺得非常開心且難忘喔！

鼓勵孩子跳高高來和大
人擊掌,是簡單又好玩
的互動遊戲。

在地上擺放一些物品,
鼓勵孩子學兔子跳跳並
試著繞過障礙。

在地上擺放呼拉圈或巧拼墊，給予明確的視覺提示，鼓勵孩子練習跳在墊子上。

若孩子還不知道如何往前跳，可以牽著他們的手，給予動作協助，一邊搭配口語指令「蹲蹲，跳！」，讓孩子做出預備蹲姿再往前跳躍。

若想增加動作難度，可以在地上擺一些物品作為障礙物，孩子要一邊跳一邊認真看，想辦法繞過障礙物。

3 跳巧拼墊／呼拉圈

當孩子原地跳躍的動作進步以後，我們可以藉由遊戲，幫助他們進一步發展出往前跳躍的動作。拿家裡現有的呼拉圈或巧拼墊（也可以將沒用到的瑜伽墊裁切成小塊墊子）擺在地上，提供孩子明確的視覺目標，鼓勵他們從一個墊子跳躍到下一個墊子。若孩子還不知道如何跳，我們可以先牽著他們的手跳過去，練習多次、掌握動作技巧之後，再鼓勵他們試著自己跳過去。

圈圈或墊子的距離可依孩子的年齡與動作能力來設定，剛開始可以擺得很近，先增加孩子的成功經驗與自信心，等動作進步之後再慢慢增加距離。

4 跳上／跳下台階

用家中能穩固站立的小凳子，鼓勵孩子練習從有一點點高度的平面跳下來。剛開始一樣可以先牽著孩子的手跳，等孩子有信心後再引導他們嘗試自己跳。這樣的遊戲可以為孩子的跳躍遊戲帶來高度上的變化，獲得不同於平面跳躍的動作經驗。

5 跳過障礙物

找一些家中的物品製造出有高度的障礙物，像是將小塑膠杯排成一排、將寶特瓶黏在地上、大人手持棒子等方式，讓孩子練習跳高躍過障礙物。剛開始可以先從很低的高度開始，或者給予孩子協助、增加其安全感，隨著動作進步再慢慢增加活動的困難度。

當孩子能成功跳過障礙物的那一刻起，心裡會產生無法言喻的成就感，對自己的動作掌控能力也將更有信心。

給爸爸媽媽的話

上述遊戲都是非常棒的居家親子遊戲，相信大部分的孩子會很喜歡且樂在其中。爸媽很可能會發現，給予孩子足夠的陪伴與運動時間，他們的情緒與專注力表現會自然而然地跟著提升。無論是什麼樣的活動，依孩子當下的動作或心理狀態去調整難度是很重要的，別忘了多示範、鼓勵與陪伴孩子。記得，遊戲的互動過程比動作結果更重要。

28

動物派對

発展重點 肢體動作、創意想像、親子互動

1～3歲的孩子喜歡藉由肢體動作去滿足想像力，因此這個時期很適合陪他們在肢體遊戲中發揮創意，像是藉由動作去模仿不同動物等，通常能夠引發更多的學習動機。透過故事與動作遊戲，亦可促進孩子的感覺統合發展與親子交流。

● 遊戲引導與變化

來一場森林動物派對吧！

　　森林裡要開一場歡樂的派對，許多動物都前來參加！以下介紹8個我們可以陪孩子一起玩的動物肢體遊戲：

1 小兔子跳跳跳

　　可以請孩子把雙手舉在頭上，變成小兔子的耳朵，和孩子一起玩雙腳離地跳的遊戲。設定起點和終點，和孩子比賽誰先跳到終點。

2 小青蛙跳跳跳

　　和小兔子跳不同的是，青蛙跳可以請孩子蹲低後再跳高。可以和孩子比賽誰跳得遠、跳得高，也可以讓他們跳在墊子上。

3 小熊爬爬爬

　　請孩子身體朝下，手腳撐在地上、屁股抬高，像小熊一樣在地上爬行。可以在地板上擺設一些物品，讓孩子練習一邊爬行，一邊繞過障礙物。

4 長頸鹿踮腳走

　　請孩子踮起腳尖走路，模仿高高的長頸鹿，可以在地上黏上粗膠帶，讓孩子走在線上練習平衡。

5 毛毛蟲爬爬爬

　　讓孩子趴在地上，練習蠕動身體前進的動作，像毛毛蟲爬行一樣。可以請孩子去蒐集地上的卡片或玩具，增加遊戲的動機。

讓孩子四肢撐地、屁股抬高爬行,對他們來說是很棒的居家運動。

毛毛蟲撿葉子遊戲,讓孩子學毛毛蟲在地上蠕動爬行。

在地板貼上粗膠帶,讓孩子練習踮腳尖走在線上,促進平衡感的發展。

6 小鴨子蹲著走

請孩子蹲著前進，像小鴨子一樣走路。可以在地板上鋪設巧拼墊，讓孩子練習控制身體走在道路上。

7 小牛耕田

請孩子雙手撐地，大人在後方抓著孩子的身體或雙腳，讓孩子雙手交替在地板上爬行。

8 小豬滾泥巴

讓孩子在地墊上側滾翻，像小豬在泥巴中打滾一樣，可以練習出力滾過枕頭或坐墊，增加活動的難度與趣味性。

※以上的動物肢體活動，很適合搭配說故事來進行，讓孩子一邊聽故事一邊玩，能夠更融入故事與動作中。以下提供一個簡單的故事範例：

「森林裡住著許多小動物。有一天，獅子爸爸決定要辦一場森林派對，邀請小動物們一起來參加。第一個前來參加的是小兔子。小兔子心想「要送什麼禮物去派對才好呢？」，最後牠決定要去森林裡撿一些好吃的蔬菜水果帶去派對請動物們吃。於是小兔子跳呀跳呀，把食物都收集到袋子裡，就開心地去參加派對了〈搭配小兔子邊跳邊撿球的遊戲〉。第二位正要出發去派對的動物是小青蛙。小青蛙前往獅子家的路上會遇到森林裡的大池塘，於是牠跳在池塘中的荷葉上，好不容易才趕上了派對〈搭配小青蛙跳墊子的遊戲〉。第三位動物是小熊。小熊的家距離很遠，一路上會遇到很多房子、樹和大石頭，牠小心翼翼地爬過這些障礙後，終於也到了獅子家了〈搭配小熊邊爬邊繞過障礙物的遊戲〉。第四位動物是長得好高的長頸鹿先生。長頸鹿到獅子家的路上會遇到一座獨木橋，牠慢慢地走著，萬一掉到河裡就不好了〈搭配長頸鹿踮腳走在直線上的遊戲〉！第五位動物是毛毛蟲。毛毛蟲最喜歡吃葉子了，牠一路上收集地上美味的葉子，帶到派對和大家分享〈搭配毛毛蟲爬行撿卡片的遊戲〉。第六位要前往派對的動物是小鴨子。小鴨子去獅子家必須沿著一條長長的河流一直走，牠一邊走一邊看著路上美麗的風景，有時候調皮的小鴨子也會試著往後倒退走，不知不覺獅子家就到了〈搭配小鴨子蹲走在墊子上的遊戲〉。第七位是勤勞的牛牛。牛牛一邊耕田一邊往獅子家的方向走去〈搭配小牛耕田的遊戲〉。最後一位動物是最貪玩的小豬。小豬好喜歡在泥巴裡打滾，沿路上一直被地上的泥巴吸引，最後就乾脆一路翻滾到獅子家了〈搭配小豬側滾翻的遊戲〉。獅子先生看到這麼多的小動物都來參加派對，覺得好開心，小動物們也都開心地跟著音樂跳舞呢！」

讓孩子在墊子上學小鴨子蹲著走，是好玩又能鍛鍊下肢肌力的遊戲。

大人在後方抓住孩子的腳，讓他們手撐地爬行。這個運動可以促進手臂肌力的發展，建立近端穩定度，幫助孩子進行手部精細操作時更穩定。

﹨﹨﹨﹨ 小 提 醒 ﹨﹨﹨﹨

除了以上提供的參考活動和故事之外，也可以鼓勵孩子發揮創意，創造出更多有趣的故事與遊戲喔！

29

奶粉罐遊戲

發展重點 精細操作、手眼協調、自製教材

○○○

在孩子發展抓握動作的過程中，我們可以多製造抓握不同材質、大小、長短物品的機會，增加他們不同的抓握經驗。同時，也可以請孩子練習將物品投入特定的洞口與容器中，培養他們的手眼協調能力。

○○○

● 遊戲引導與變化

家中不要的奶粉罐別急著丟！

　　孩子喝完的奶粉罐別急著丟，只要簡單加工一下，就可以變成讓他們愛不釋手的玩具，變化出很多不同的遊戲。以下提供7種奶粉罐遊戲：

1 投錢幣遊戲

　　在奶粉罐的蓋子上挖長方形的洞口，讓孩子練習將錢幣或鈕扣對準投進去。當孩子進步了，我們可以挖不同大小的洞，並提供各種尺寸的鈕扣，引導他們練習觀察鈕扣與洞口的大小對應。

2 冰棒棍遊戲

　　在奶粉罐的蓋子上挖長方形的洞口，讓孩子練習將冰棒棍對準投入。等孩子的動作進步了，我們可以在洞口旁貼上不同顏色的紙，引導孩子將一樣顏色的冰棒棍投進正確的洞口中，建立顏色配對的概念。另外，也可以利用家中沒用到的布、繩子或緞帶貼在冰棒棍上，讓孩子在操作過程中獲得更多不同的觸覺刺激。

3 棉花棒遊戲

　　在奶粉罐的蓋子上戳小洞，引導孩子將棉花棒對準投入洞中。抓握細細的棉花棒需要更好的精細動作控制技巧，且洞口小也會增加活動的難度，建議可以在孩子已經學會投冰棒棍或錢幣後，再讓孩子練習喔！

1～6歲寶寶的
圖卡遊戲書

東販出版

這是一本什麼樣的小書？
它可以是……

遊戲輔助道具！

收錄職能治療師和孩子玩遊戲時使用的各種方便好玩的輔助教材，能讓孩子玩得更開心、更盡興！

著色塗鴉本！

將圖卡遊戲書的內容影印下來，就成了線條簡單的著色練習或塗鴉本，可以教孩子認識顏色、形狀，或進行延伸創作。

可愛剪貼簿！

將圖卡遊戲書的內容影印下來，就能讓孩子練習用剪刀剪下圖案。複印多張圖案剪下來貼在紙上，還能玩看圖說故事的遊戲喔！

每張 A4 紙可以用來複印 2 頁圖卡唷！

使用於｜遊戲30 鞋盒DIY遊戲（P116）

掃QR Code 下載列印

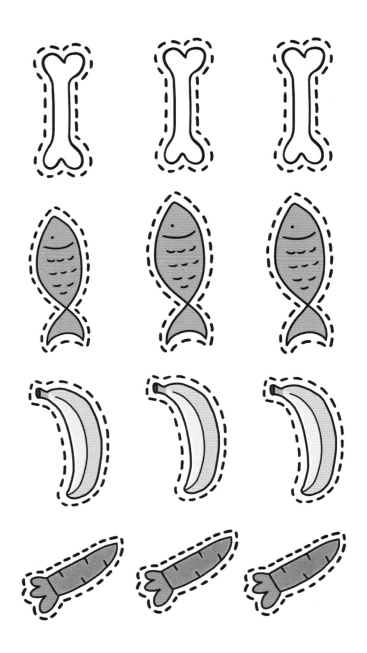

使用於｜遊戲 31 貼紙遊戲（P118）

掃 QR Code 下載列印

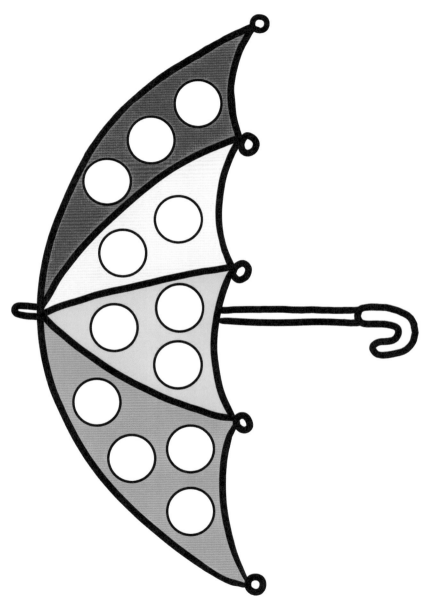

使用於 | 遊戲 31 貼紙遊戲（P118）

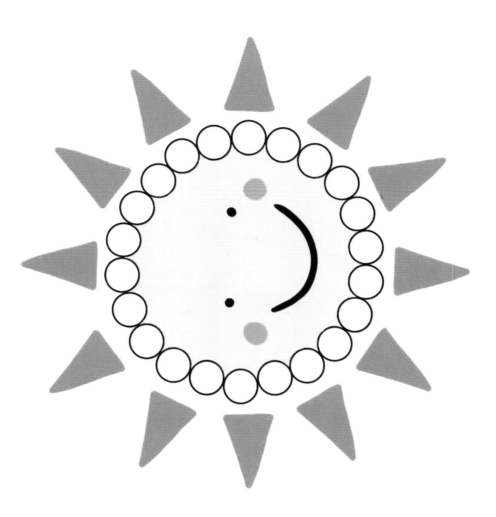

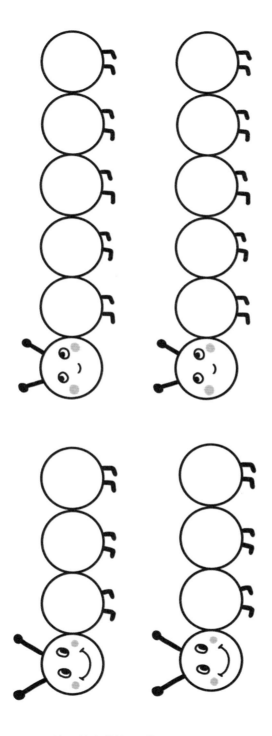

使用於｜遊戲 32 蓋印章遊戲（P122）

掃 QR Code 下載列印

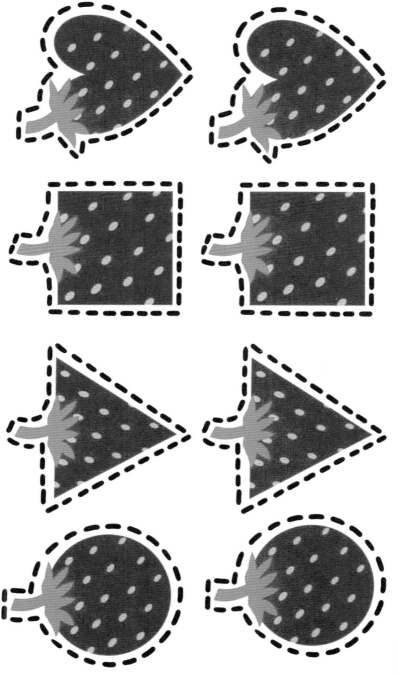

使用於 ｜ 遊戲 38 剪刀遊戲（P142）

掃 QR Code 下載列印

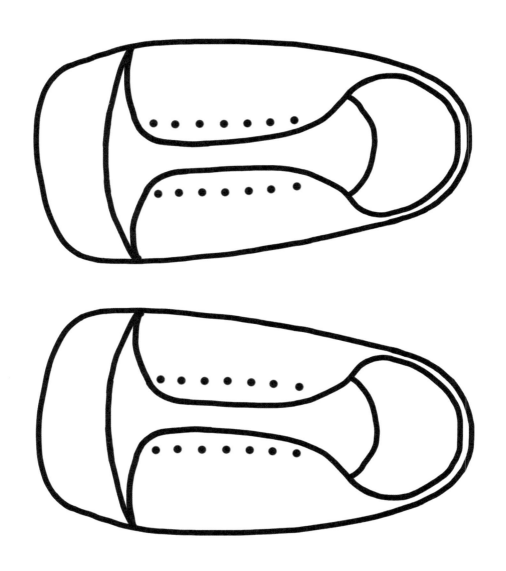

使用於｜遊戲 48 視知覺遊戲（P192）

掃 QR Code 下載列印

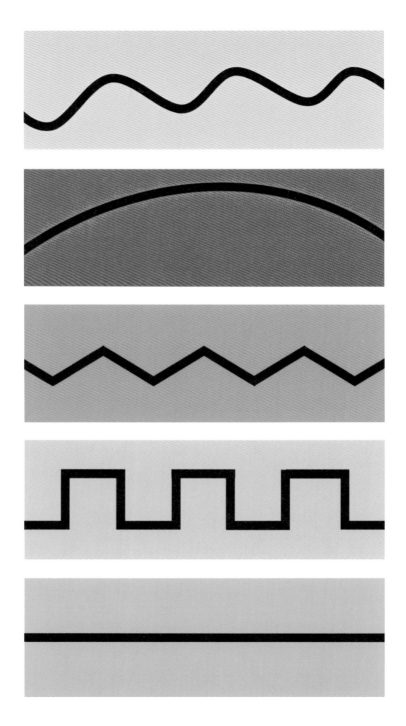

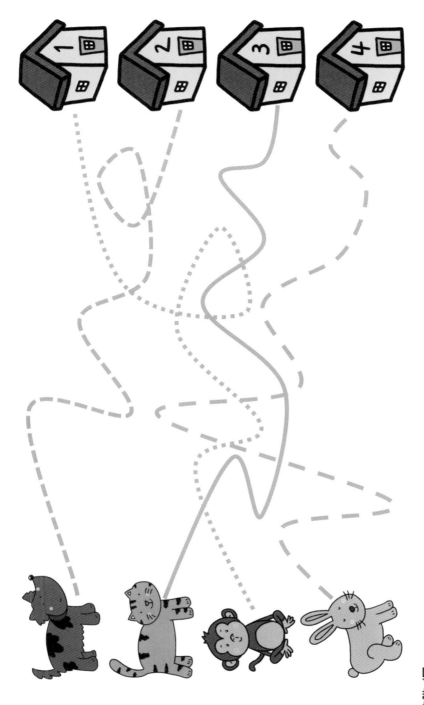

可以一邊跟孩子互動一邊玩，示範給他們看，鼓勵他們模仿。

準備不同大小的鈕扣或錢幣，讓孩子練習投進不同大小的洞口中。

在冰棒棍上貼不同材質的布或緞帶，就變成好玩的觸覺教材了！

利用家中垂手可得的棉花棒，讓孩子練習精細動作並培養專注力。

從罐子中抽出彩色絲巾，是個有趣又驚喜的遊戲，通常孩子都很喜歡。

在蓋子上割不同方向的洞口，讓孩子學習調整撲克牌方向後投進去。

割一個十字小洞，讓孩子將彈珠用力地推進洞口。

玩湯匙遊戲可以幫助孩子學習掌控湯匙的技巧，讓吃飯更順利。湯匙柄可以用泡棉或布包住，增加厚度和摩擦力的湯匙能讓孩子抓握得更好。

4 撲克牌遊戲

　　在奶粉罐的蓋子上割細長的洞口，給孩子撲克牌或其他卡片，練習對準投入洞中。剛開始可將洞割得長一些、寬一些，先建立成功經驗，等孩子進步了，再進階將洞口縮小，甚至割不同方向的洞，讓他們練習先轉動手腕，調整卡片的方向後再投入。

5 抽絲巾遊戲

　　準備一些絲巾或手帕綁在一起，在奶粉罐的蓋子上割一個十字小洞，讓孩子從洞口拉出絲巾，滿足他們喜歡把東西抽取出來的心理，也能給予不同的視覺與觸覺刺激。

6 湯匙遊戲

　　準備一些小彈珠，在奶粉罐的蓋子上挖一個小洞，讓孩子練習用湯匙去撈彈珠，對準小洞倒入。此活動可以讓孩子學習掌控湯匙，包括舀物、穩定運送及對準放入的動作。

7 塞彈珠遊戲

　　準備一些小彈珠，在奶粉罐的蓋子上割十字小洞，讓孩子練習用力將彈珠塞入洞口中，促進手部小肌肉的發展。

同一個奶粉罐，只要變換不同的蓋子，就能變化出許多好玩的遊戲！

\\\\\ 小提醒 /////

若家中孩子仍處於喜歡把東西往嘴裡放的階段，建議玩上述遊戲時，大人要在一旁陪伴與協助。

30

適合年齡

1～3 歲

鞋盒 DIY 遊戲

發展重點 **精細操作、手眼協調、自製教材**

1歲以後，孩子會發展出手指抓握的精細動作。這個時期的孩子很喜歡捏取小物品的遊戲，透過遊戲大量練習，可以幫助他們建立手指肌力與動作協調性，3歲後握筆、使用工具的發展也會更加順利。

● 遊戲引導與變化

鞋盒DIY變身教材！鞋盒遊戲：動物吃餅乾

　　每個人家中多多少少都有用不到的鞋盒，運用鞋盒可以變化出簡單的自製教材，讓孩子玩得不亦樂乎！首先，我們先準備一個鞋盒，並剪下附錄遊戲書中的動物圖案貼在鞋盒上（可以在盒子表層貼上透明膠帶或博士膜，增加耐用度），並且把動物的嘴巴用美工刀割開，讓孩子練習將硬幣、雪花片或卡片投入動物的嘴巴中。

延伸遊戲

1 不同方向的投幣：若我們想要讓孩子練習轉動手腕，去配合不同方向的洞口，可以故意把每隻動物貼成不同角度。

2 認識顏色與動物：我們可以運用不同顏色的雪花片，給予孩子遊戲指令，引導他們認識動物與顏色，像是「把黃色餅乾給兔子吃」、「猴子想吃紅色的餅乾」……等，讓孩子一邊練習精細動作，一邊練習聆聽指令與思考。

3 小動物喜歡吃什麼（＊搭配附錄遊戲書）：可以剪下附錄遊戲書中的食物圖片，貼在厚紙板上或護貝成小卡片增加耐用度，讓孩子練習辨認不同動物喜歡吃什麼，像是紅蘿蔔卡片給兔子、骨頭卡片給小狗、魚的卡片給貓咪……等。

　　此遊戲能建立孩子的邏輯概念、記憶能力、口語表達與數量概念。我們可以先示範給孩子看，鼓勵他們嘗試配對，一邊玩一邊引導孩子學

習表達敘述，例如：「狗狗喜歡吃骨頭」、「貓咪想要吃魚」……等口語練習。除此之外，也能融合數量教學，請孩子拿指定數量的食物給動物，例如：「請拿3根香蕉給猴子」、「先拿2根紅蘿蔔給小兔子後，再給狗狗1根骨頭」……等，讓孩子學習專注聆聽、記憶並建立數量概念。

讓孩子練習對準盒子上不同動物的嘴巴，將雪花片投進去。等孩子熟悉動作之後，可以試著變化指令，像是請他們拿指定顏色的雪花片、將雪花片給指定的動物等。

將附錄遊戲書的圖案剪下來護貝，製作成卡片教材讓孩子反覆練習。

陪孩子玩的過程中，可以從旁鼓勵他們表達，像是「小狗吃骨頭」、「猴子喜歡香蕉」等，藉由遊戲促進孩子的語言發展。

31

貼紙遊戲

發展重點 精細操作、手眼協調、自製教材

1歲後，孩子會開始發展「前3指抓握」的精細動作。這時，除了可以多鼓勵孩子抓握小物品或小餅乾之外，讓他們練習撕貼貼紙也是非常棒的精細活動喔！貼紙是扁的，且有黏性，對孩子的精細動作能力要求會更高一些，可以等他們已經能順利用前3指抓握小餅乾後再開始練習。

● 遊戲引導與變化

不只是亂貼，貼貼紙也可以很好玩！

　　文具店裡有各式各樣的貼紙，但最好用的莫過於圓形的多色標籤貼紙了！有不同大小、顏色可以選擇，價格又便宜，可以讓孩子反覆練習。以下提供幾個適合1～3歲玩的圓點貼紙遊戲：

❶ 1歲孩子的貼紙遊戲：只是亂貼也很棒！

　　1～2歲的孩子，前3指的動作尚未發展得成熟穩定，因此可以選擇尺寸大一點的貼紙。示範撕貼的動作給孩子看，鼓勵孩子模仿，當他們可以成功地自己將貼紙撕下來再貼到紙上，就已經非常棒了！撕貼的動作對孩子而言並不容易，需要透過反覆練習才能學會，很需要爸爸媽媽在一旁鼓勵與引導！

　　1歲多的孩子，偶爾還是會因為好奇把東西放入嘴巴裡，建議這個遊戲還是要有大人在一旁陪著孩子玩喔！

❷ 2歲孩子的貼紙遊戲：原來，貼紙也可以創作！

（＊搭配附錄遊戲書）

　　當孩子能夠順暢地撕貼貼紙，我們可以讓他們嘗試小一點的貼紙，並且鼓勵他們用貼紙來進行創作，例如貼一直線變成毛毛蟲、項鍊，或是把貼紙貼在指定圖案／範圍裡，變成圖案中的裝飾，像是貼上乳牛斑點、蝴蝶花紋、雨傘圖案……等，都是既好玩又能訓練孩子精細動作的遊戲！

給孩子圓點貼紙，請他們貼在蝴蝶身上，幫蝴蝶裝飾出漂亮的衣服。

可以將附錄遊戲書中的圖片護貝，變成能反覆撕貼貼紙的教材。

引導孩子觀察雨傘上面的顏色，並貼上相對應的顏色貼紙，幫助孩子建立顏色配對概念。

❸ 3歲孩子的貼紙遊戲：把貼紙瞄準、貼在圈圈裡（＊搭配附錄遊戲書）

若想增加貼紙活動的難度給3歲以上的孩子玩，我們可以提供更小的貼紙，或是請孩子貼在更小的指定範圍中。像是在紙上畫小圈圈，請孩子將貼紙瞄準、貼在指定的小圈圈中，這會更考驗孩子的動作控制能力與專注力喔！

若想增加遊戲難度，可以提供較小的貼紙，並請孩子貼在更小的圈圈內，讓他們越玩越專心。

32

蓋印章遊戲

發展重點 精細操作、手眼協調、自製教材

°°°

印章是生活中垂手可得的物品，適合提供給 1 ～ 3 歲的孩子玩。抓握印章並在紙上蓋出圖案是個看似簡單，對孩子而言卻不簡單的動作技巧，透過反覆練習，孩子會逐漸建立抓握穩定性與手腕方向的控制能力。

°°°

● 遊戲引導與變化

讓孩子靜下來的法寶：印章遊戲

　　印章是種方便攜帶的物品，在家中、在車上、出外的等待時間等，都很適合隨時拿出來給孩子玩。除了可以防止孩子因無聊而吵鬧，又能訓練精細動作能力，真是一舉兩得！以下提供幾個好玩的印章親子遊戲，供家長參考：

1 印章躲貓貓

　　孩子剛開始操作印章時，可能會壓不出完整的圖案，這是因為他們尚未學會控制手腕、讓印章與紙張垂直。爸爸媽媽不用太心急，可以準備一張大大的白紙，一邊示範動作給孩子看，一邊和他們用玩遊戲的方式互動。

　　當孩子蓋不出圖案時，可以告訴他們「印章在跟你玩躲貓貓，我們再試一次看看印章會不會跑出來！」，用故事比喻的方式，減少孩子練習過程中的挫折感，幫助他們樂在其中，並且慢慢學會成功蓋印章的動作技巧。

　　等孩子能夠成功蓋出圖案以後，可以進一步跟他們玩「輕輕蓋」和「用力蓋」的遊戲，觀察不同用力程度蓋出來的印章圖案變化，引導孩子在遊戲中學習手部力道控制。

2 造型泡泡

　　當孩子已經能夠蓋好印章，我們可以在紙上畫一些圓圈，請孩子練習對準，將印章蓋在圓圈之中。要將印章蓋在一個指定的小範圍裡，會更考驗孩子動作控制與手眼協調的能力，是很棒的進階練習喔！

印章筆，可以讓孩子用整個手掌抓握，類似抓握粗蠟筆畫畫的姿勢。

文具店常見的小型連續印章，可引導孩子用前3指抓握操作。

準備印泥和印章，可以讓孩子練習自己壓印泥後再蓋章，增加操作上的難度。印章越小，孩子抓握時的難度就越高，家長可視孩子的動作能力選擇適合的印章尺寸。

引導孩子觀察上排毛毛蟲身上的印章圖案，試著依序在下方蓋出一樣的圖案排列，讓他們藉由遊戲學習專注觀察，並建立順序的概念。

請孩子用海綿壓印泥蓋在紙上，可以製造出很漂亮的效果。若孩子觸覺較敏感或個性較謹慎，不敢直接觸摸印泥，用海綿進行遊戲通常是他們較能接受的方式。

手指蓋章遊戲，藉由親子創作陪孩子享受遊戲的樂趣。

　　剛開始孩子還不熟悉動作技巧，可以將圈圈畫大一點，等他們成功之後再慢慢縮小圈圈範圍，幫助他們漸進式地掌握遊戲技巧。

3 毛毛蟲變裝派對 （＊搭配附錄遊戲書）

　　假如孩子已經能將印章蓋在圓圈中，我們可以進一步跟他們玩模仿蓋章的遊戲。將連續的圓圈比喻成毛毛蟲，大人可以先在一隻毛毛蟲身上蓋出一串不同順序的圖案，接著請孩子觀察圖案的順序，於另一隻毛毛蟲身上試著蓋出相同順序的圖案，在遊戲中學習專注觀察與對照模仿的能力。

　　若孩子剛開始不理解順序的概念，我們可以跟他們同步一起依序蓋出圖案，例如：媽媽先在第一個圓圈蓋出綠色印章，請孩子也同步在相對應的位置上蓋出一樣的圖案，完成後再蓋第二個圓圈，依此類推。

　　針對3歲以上的孩子，我們可以變化遊戲的難度，讓他們看10～15秒記住毛毛蟲身上的圖案順序，然後把題目蓋起來，請孩子將記憶中正確的圖案順序蓋出來。

4 手指印遊戲

　　印泥是一種好玩的觸覺活動材料，我們可以跟孩子玩手掌或手指蓋章的遊戲，讓他們發揮創意，變化出不同的造型圖案。

　　印泥摸起來濕濕軟軟的，對於觸覺較為敏感的孩子來說，剛開始可能會不太喜歡。可以先讓孩子用海綿或印章去玩，再慢慢鼓勵他們以手觸碰，這將會成為一種很棒的觸覺練習喔！

讓孩子用手掌去壓印泥，是很棒的觸覺體驗，通常孩子都很喜歡。

33

撈魚遊戲

發展重點　精細操作、手眼協調、自製教材

1歲多的孩子就會開始想用湯匙自己吃飯，但他們似乎還無法順利地掌控湯匙，常常吃得到處都是。和其他動作發展一樣，使用湯匙也是需要透過反覆練習才能精熟的動作能力，我們可以藉由遊戲，讓孩子學習使用湯匙的技巧，包括如何把東西舀起來、運送到指定的位置……等。有了足夠的練習經驗，通常2歲就能自己用湯匙順利進食了！

● 遊戲引導與變化

大小孩子都喜歡的撈魚遊戲！

　　首先，我們可以準備一個水盆、一支能瀝水的大湯匙、一些能浮在水面上的東西（像是乒乓球、塑膠玩具或能浮在水面上的小金魚玩具）和一個裝玩具的容器，就可以開始陪孩子玩撈魚遊戲囉！

　　剛開始，孩子可能會搞不清楚遊戲方式，一直想要用手去撈水，這時大人可以藉由示範，讓孩子清楚看到該如何透過湯匙將魚或球從水裡撈起來，並將它們放入另一個容器中，示範多次以後再將湯匙交給孩子練習。

　　若孩子還沒有掌握使用湯匙的技巧，大人可以稍微扶著他們的手給予協助，先建立成功的經驗。漸漸地，當孩子可以自己成功做到時，別忘了鼓勵、讚美他們喔！

　　湯匙和物品越大，對孩子來說越容易，若想增加遊戲難度，可以換成較小、較淺的湯匙，並讓孩子練習撈取較小的物品。

\\\\\ 小提醒 /////

可以在浴室玩或當作孩子的洗澡遊戲，就不用擔心把地上弄得溼答答囉！許多爸爸媽媽陪孩子進行這項遊戲之後，都會發現孩子吃飯時使用湯匙的技巧進步了呢！

當孩子變厲害了：進階版撈魚遊戲

　　若孩子用湯匙撈魚的技巧進步了，我們可以設計更進階的遊戲讓他們挑戰。事前準備一樣非常簡單，準備一個水盆、一支筷子或吸管、幾條橡皮筋和一個能裝東西的容器。引導孩子用筷子或吸管，對準並勾住在水中漂浮的橡皮筋，練習將橡皮筋勾起來就成功囉！

　　這項遊戲雖然看似簡單，但因為橡皮筋很細，又會在水中飄來飄去，對孩子而言並不容易對準，非常考驗手的控制能力與專注力，因此需要耐心地陪孩子慢慢練習喔！

運用生活中常見的物品，發揮創意就能變成孩子們最愛的遊戲。

若擔心孩子遊戲過程中弄濕衣服，可以幫他們穿上防水圍兜。

讓孩子練習將漂浮在水中的橡皮筋撈起來，促進手眼協調發展。

34

黏土遊戲

發展重點 精細操作、手眼協調、觸覺刺激

黏土是許多孩子都很愛的遊戲。孩子透過揉揉捏捏的遊戲過程，可以增強手指肌力、手指靈活度與雙手協調能力，也能體驗到創作的樂趣，培養想像力與創造力。

● 遊戲引導與變化

如何選擇給孩子玩的黏土？

給孩子玩的黏土分成很多種，以下列舉3種我最常帶孩子玩的黏土，並分析它們各自的優缺點，供家長參考：

1 彩色油性黏土

油性黏土的好處是軟硬適中，對大部分孩子來說都是容易上手的媒材。若妥善保管於盒子中不易乾掉，因此很適合用來玩反覆創作的遊戲，像是扮家家酒、用黏土模型做出不同形狀等。

2 輕黏土

輕黏土的好處是容易混色，且乾掉後會硬化，適合用來創作、塑形，像是做動物、食物、車車等不同造型，讓孩子做完後可以留下黏土作品。

3 治療性黏土（Putty）

治療性黏土（Putty）是兒童職能治療師在臨床上常用來訓練孩子精細動作的好幫手。

它之所以有治療效果，主要是因為黏土本身的材質有阻力，因此在玩的時候，會比一般黏土需要出更多力氣。不同顏色的治療性黏土有阻力上的分級，通常會分成4種或6種不同的硬度，可以根據孩子的能力與目標選擇適合的阻力。

這種黏土接觸到空氣不會硬掉，正常情況下可以使用很多年。缺點就是比一般黏土貴，且沾到衣服不好清洗。在玩的時候也要留意，不同顏色的治療性黏土要盡量避免混合，以維持黏土的阻力分級。

彩色油性黏土

輕黏土

治療性黏土（Putty）雖然有阻力，但延展性也非常高，能讓孩子盡情地揉捏。

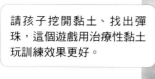
請孩子挖開黏土、找出彈珠,這個遊戲用治療性黏土玩訓練效果更好。

讓孩子用黏土印章或模型,在黏土上用力蓋出圖案。

陪孩子一起享受玩黏土的樂趣！

黏土可以變化出很多不同的遊戲，以下提供一些點子，供家長參考：

1 找寶物遊戲

我們可以準備一些小彈珠，包覆在黏土中，讓孩子練習挖開黏土，把彈珠拿出來。因為彈珠被黏土覆蓋，肉眼看不到，因此能練習到「觸識覺」的能力，也就是透過「摸」的觸覺訊息，去辨識彈珠在黏土中的位置。

此遊戲若用治療性黏土玩效果更好，由於黏土本身有阻力，會讓挖開黏土的動作需要更多小肌肉來幫忙，達到訓練的效果。

2 蓋印章遊戲

拿家裡現有的玩具或物品，像是形狀積木、動物公仔、黏土印章、瓶蓋、叉子等，用力壓在黏土上，讓孩子觀察物品在黏土上留下的痕跡。可以跟孩子玩動物踩腳印、烤造型餅乾等假扮遊戲，孩子通常都會非常樂在其中。

猜猜這是什麼：大人先在孩子看不到的情況下，於黏土上壓出痕跡，讓孩子根據痕跡去猜想這是什麼東西。

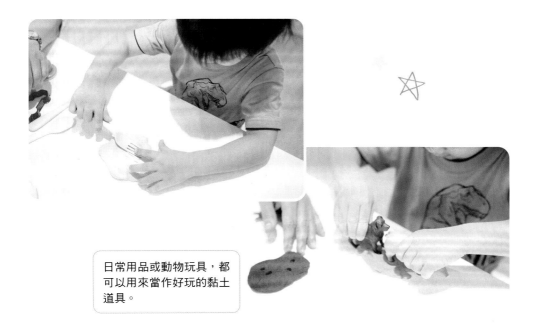

日常用品或動物玩具，都可以用來當作好玩的黏土道具。

3 剪一剪、切一切

　　玩黏土時，可以結合不同的用具，像是用剪刀或玩具刀子將黏土切成小塊。使用剪刀或刀子的過程，也是鍛鍊手部小肌肉的好機會。

4 搓出不同形狀的黏土

　　玩黏土是可以促進雙手協調的活動，請鼓勵孩子運用雙手試著搓出不同造型的黏土，像是雙手前後滾動搓出長條形、一手固定一手畫圓搓出球形、前兩指搓小圓、雙手用力將黏土壓扁……等，都是非常棒的黏土遊戲。

進階
玩法

包水餃遊戲：重複揉捏黏土（揉麵團），搓成長條狀，用剪刀或刀子切成小塊，再搓成球形並壓扁（水餃皮），拿一顆小彈珠放在壓扁的黏土中間（包內餡），用前3指將黏土包覆起來，變成一顆可愛的小水餃。假裝吃完全部的水餃之後，揉成一大團，請孩子將包覆在黏土中的彈珠挖出來。

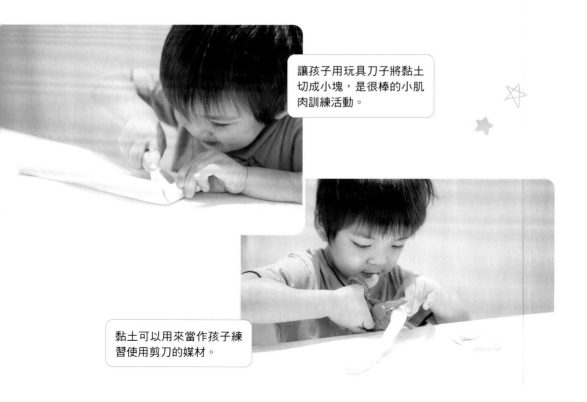

讓孩子用玩具刀子將黏土切成小塊，是很棒的小肌肉訓練活動。

黏土可以用來當作孩子練習使用剪刀的媒材。

5 自由創作

　　讓孩子用黏土自由創作，鼓勵他們發揮想像力與創造力。大人可以在一旁陪伴、觀察，傾聽孩子分享創作時內心的想法與經驗。

黏土 DIY　**雪人創作**：將兩顆圓形的保麗龍球插在一根筷子上，變成雪人造型，並鼓勵他們發揮創意，幫雪人裝飾身上的服裝。

輕黏土容易塑形、混色，適合用來進行黏土創作。

示範搓圓、包水餃的動作給孩子看，鼓勵他們觀察、模仿。

陪孩子玩黏土時，除了引導他們學習不同的動作技巧，更重要的是跟孩子互動，一起沉浸在遊戲的樂趣中。

35

適合年齡
1~3
歲

曬衣夾遊戲

發展重點 精細操作、手眼協調、自製教材

3歲前幫助孩子累積足夠的手指肌力，是3歲後精細動作發展與生活自理能力的重要基礎。運用家中常見的曬衣夾變化出不同的遊戲，讓孩子從捏夾子的過程中增進手部肌力與雙手協調能力。

● 遊戲引導與變化

捏夾子的姿勢與夾子的選擇

我們可以示範並鼓勵孩子用大拇指、食指和中指的指腹捏曬衣夾，這樣能更有效率地訓練到手部肌肉與虎口的肌力。剛開始練習時，為了增加孩子成功的經驗和成就感，先提供家中用了比較久的曬衣夾，捏起來相對阻力小，等孩子進步了再提供比較緊的夾子，甚至可以在夾子上綁上橡皮筋，增加阻力和難度。

用曬衣夾變化出好玩的親子遊戲

曬衣夾可以變化出很多遊戲，以下提供一些範例供家長們參考：

1 變出一條長長的蛇

我們可以給孩子多個曬衣夾，請他們把夾子依序夾在一起，變成一條長長的蛇。過程中跟孩子比賽一定時間內誰夾得比較多，就能增加他們完成的動機。

2 農場柵欄

準備一個紙盒，引導孩子用曬衣夾在紙盒邊上夾出一圈農場的柵欄。若家中有動物玩偶，就可以開始在紙盒裡面玩農場遊戲囉！

3 曬衣夾創作（＊搭配附錄遊戲書）

剪下圖案貼在厚紙板上，請孩子在圖板上夾上曬衣夾，完成圖片缺少的部分，像是仙人掌身上的針、小刺蝟背上的刺……等。可以跟孩子一起進行創意聯想，完成更多曬衣夾創作。

讓孩子練習用曬衣夾接龍，變成一條長長的蛇，是個簡單又好玩的遊戲。

準備一個紙盒，讓孩子用曬衣夾夾在紙盒的邊緣，變成農場的柵欄。

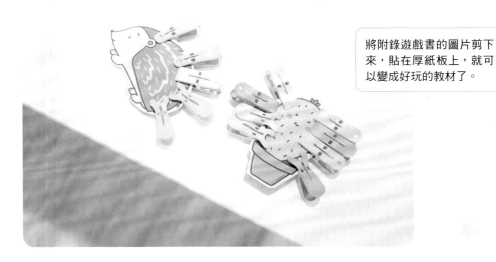

將附錄遊戲書的圖片剪下來，貼在厚紙板上，就可以變成好玩的教材了。

4　曬衣服遊戲

　　平常曬衣服時，可以鼓勵孩子用曬衣夾把自己的襪子或手帕夾在衣
架上，讓他們一邊參與家事、一邊訓練精細動作。

5　曬衣夾投幣

　　準備一個存錢筒、一些雪花片或硬幣，讓孩子練習用曬衣夾夾雪花
片投入洞口中。可以結合數量的概念，讓孩子抽數字牌，練習投入指定
數量的雪花片。

鼓勵孩子試著將襪子夾在
衣架上，促進手指肌力與
雙手協調發展。

讓孩子練習用曬衣
夾夾雪花片，投進
存錢筒中。

可以在遊戲中融合數量概念的練習。

生活中處處充滿遊戲的可能，孩子最需要的不是新奇的玩具，而是真誠且用心的陪伴。

36

塗
鴉
遊
戲

發展重點　**手眼協調、認知學習、觸覺刺激**

塗鴉，是大部分孩子都很喜歡的遊戲，因為在塗鴉的過程中，孩子通常是放鬆且富有創意的。塗鴉能豐富孩子的動作經驗與感官刺激，也能從中學習表達自己，是很棒的親子互動遊戲。

● 遊戲引導與變化

塗鴉，也可以很不一樣！

　　塗鴉的形式有很多種，使用不同的素材，就能帶給孩子完全不一樣的遊戲經驗。通常大家最熟悉的是用蠟筆或彩色筆給孩子塗鴉，這時期的蠟筆或彩色筆會建議盡量選擇粗一點的，方便孩子抓握。

　　使用蠟筆塗鴉時，孩子的手會需要出較多的力氣，因此是訓練小肌肉很好的活動；而彩色筆則能讓孩子輕鬆畫出顏色，可以更容易看到筆移動的方向與描繪在紙上的圖案、線條，促進孩子的視覺動作整合。

　　另外，顏料也是孩子們很喜歡的素材，可以變化出非常多遊戲，豐富感官刺激之餘，又能促進動作發展。玩顏料遊戲時，除了讓孩子用手觸摸或用畫筆揮灑，甚至可以加入孩子的玩具或日常用品，像是玩具車、積木、動物公仔、氣球、寶特瓶、刷子等，讓孩子將物品沾顏料拓印在紙上，觀察不同東西呈現出來的圖案，既有趣又能促使孩子專注地觀察。

Tips　玩塗鴉遊戲時，可以讓孩子穿上不怕髒的舊衣服或防水衣，準備紙箱、大托盤或大張圖畫紙讓孩子在指定範圍內盡情塗鴉，或是直接在家中的浴室裡玩，玩完後直接洗澡，減少後續清潔上的麻煩。

延伸遊戲

洗澡遊戲：玩完顏料遊戲後，可以讓孩子自己幫玩具洗澡喔！

準備一個紙箱，裡面鋪上白紙，讓孩子盡情在紙箱裡玩顏料。

讓孩子用動物玩具沾顏料，在紙上蓋出動物腳印。

生活中常見的物品，都是可以用來玩顏料遊戲的好道具。

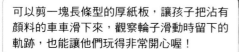

可以剪一塊長條型的厚紙板，讓孩子把沾有顏料的車車滑下來，觀察輪子滑動時留下的軌跡，也能讓他們玩得非常開心喔！

37

適合年齡
1～3
歲

疊高積木蓋房子

發展重點 精細操作、手眼協調、配對認知

疊積木是重要的精細動作發展項目，因為當一個孩子可以成功將積木疊高，代表已經具備了足夠的抓握能力，以及能對準放物品的手部穩定性。而不同階段適合的積木也不同，提供符合孩子發展階段的積木，能讓他們在練習的過程中獲得更多成就感。

● 遊戲引導與變化

一起練習用積木蓋房子！

當孩子能穩定地抓握積木以後，就可以開始玩疊積木的遊戲囉！1～2歲大時，選擇體積大一點的積木給孩子玩（大約和孩子的手掌一樣大或比手掌大一些），能讓他們抓握得比較穩，也可增加疊高積木的成功率。這時，孩子能成功疊高2～3個積木就很棒了！

爸爸媽媽或許會發現，孩子總是會因為放得太用力而無法成功將積木疊上去，可以示範動作並口語提示孩子「輕輕的」，讓他們練習模仿把動作放柔放輕的技巧。我們可能也會發現，孩子喜歡「破壞」勝過建構，這是此發展階段正常的現象，可以陪著孩子重複地玩疊高後推倒積木的遊戲。

當孩子成長到2～3歲的階段，他們可能會開始對於「建構」物品產生更高的興趣，加上抓握能力又更進步了，可以選擇體積較小的積木（大約孩子手掌的1/2大小）讓他們練習疊高3～5個，或是提供較大型的組裝積木，讓孩子練習將兩塊積木組合起來再拆開，都是對小肌肉與手眼協調發展非常有益的遊戲唷！

進階玩法

2～3歲的孩子正處於學習配對概念的階段，我們可以讓他們分類積木的顏色，或是將貼紙剪一半、分別貼在兩個不同的積木上，讓孩子練習找出相對應的積木、組合起來，建立配對概念。

剛開始練習疊積木時，可
以給孩子體積大一點、容
易抓握的積木。

當孩子技巧進步以
後，再挑戰疊高小
一點的積木。

組裝型的積木能讓孩子練習組
合與拆解的動作技巧，我們可
以在積木上貼貼紙，讓孩子練
習找出一樣的圖案並配對，增
加遊戲的樂趣。

38

剪刀遊戲

發展重點 精細操作、手眼協調、自製教材

許多爸媽會因為擔心危險，而不敢讓孩子練習使用剪刀。其實，選擇適合孩子使用的安全剪刀，並且透過遊戲來陪伴、引導，2歲後就可以開始嘗試讓孩子使用剪刀了，這對於孩子的手眼協調能力與精細動作發展是相當重要的基礎，也會讓他們玩得非常開心唷！

● 遊戲引導與變化

如何安心地讓孩子使用剪刀？剪刀的選擇很重要！

許多想讓孩子嘗試使用剪刀的家長會想知道，市面上的剪刀那麼多，究竟該如何針對孩子的年齡選擇合適的剪刀呢？以下列舉3種我常用的剪刀類型與使用時機，供家長們參考：

1 塑膠剪刀

完全沒有接觸過剪刀的孩子，就準備最安全的塑膠剪刀讓他們使用，這樣就可以放心地練習剪刀開合的動作了。

2 一般兒童剪刀

上述的塑膠剪刀雖然很安全，但缺點是比較難將東西順利剪斷。因此，當孩子已經能用雙手開合剪刀，也了解剪刀的功用以後，建議換成一般的兒童剪刀，用起來更容易產生成就感。在選擇兒童剪刀時，可以注意刀尖是否有圓弧設計，有些剪刀甚至在刀刃和刀尖上都包覆著塑膠外殼，是更為安全的選擇。另外，剪刀抓握的洞口不宜太大，否則會讓孩子抓得不夠穩。

3 彈力剪刀

若孩子已經發展出想要單手抓握剪刀的動作（通常是2歲半～3歲以後），剛開始可能會因為無法順利打開剪刀而感到氣餒，這時可以提供彈力剪刀，剪下去後剪刀會自動彈開，等孩子進步了再將剪刀上的彈簧收起，漸進式地幫助他們學會單手開合剪刀。

我們可以根據孩子的年齡與動作發展階段，選擇適合的剪刀。左下為塑膠剪刀，右下為一般兒童剪刀，上方為彈力剪刀。

將附錄遊戲書上的形狀草莓剪下來護貝成卡片，讓孩子可以反覆練習。

請孩子觀察剪下來的草莓，練習將一樣形狀的草莓分類在一起。

準備一個小紙箱，在裡面放孩子喜歡的玩具，鼓勵他們依序剪開箱子上方的紙條，將玩具取出來。

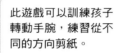

此遊戲可以訓練孩子轉動手腕，練習從不同的方向剪紙。

3歲前可以這樣玩剪刀遊戲！

在使用剪刀的發展上，1歲半～2歲半間，孩子會用雙手開合的方式來抓握剪刀；在2歲半～3歲間，會想改用單手抓握剪刀，但可能還無法掌握技巧。一般來說，若累積足夠的練習經驗，3歲～4歲左右的孩子就可以使用剪刀剪直線了。

剛開始使用剪刀時，由於剪的技巧尚未成熟，我會建議讓孩子剪細長型的紙條，最好是一刀就斷的寬度，幫助孩子在遊戲中快速累積動作經驗與成就感。以下提供幾個適合1～3歲的親子遊戲，供家長們參考：

1 採草莓遊戲（＊搭配附錄遊戲書）

可以將廢紙裁成長條狀，把水果卡片黏在長紙條上，並將長紙條黏在桌邊，請孩子用剪刀去摘水果（剪斷紙條讓水果掉下來）。

搭配附錄遊戲書中的形狀草莓，請孩子剪下來後練習分類形狀。可以將草莓卡片護貝，增加耐用度，讓孩子重複使用。

2 剪頭髮遊戲

在紙上畫一個人臉，並用長紙條作為頭髮，讓孩子玩理髮師剪頭髮的遊戲。

3 解救恐龍大作戰

準備一個箱子，裡面放一些孩子喜歡的玩具，並在箱子上方黏不同方向的紙條，讓孩子練習一次剪斷一條，將玩具從箱子中拯救出來。

大人可以先示範給孩子看，讓他們練習當小小理髮師，幫客人剪頭髮。

39

我是生活小幫手

這時期的孩子，在心理與動作發展上，都會有想要自主獨立的傾向。很多爸爸媽媽會發現，孩子大約 2 歲以後，生活中大大小小的事情都會想要「自己來」。雖然孩子不想要被幫忙但又做不好時，往往會感到氣餒與生氣，但其實「想要自己來」是件值得開心的事，代表他們開始想探索自我能力、朝向獨立之路邁進了。在這個時期，我們可以主動邀請孩子參與一些簡單的生活自理活動，幫助他們建立成就感。

● 遊戲引導與變化

每個孩子都喜歡當小幫手！

這個時期的孩子很渴望擔任大人的小幫手，以展現自己的能力、獲得正面關注。若大人時常過度協助孩子，不但會剝奪他們學習的機會，也容易養成依賴的習慣。

雖然對大人而言，請孩子幫忙通常不是件輕鬆的事，需要在一旁陪伴與協助，但如果我們時常製造機會找孩子來幫忙，可以讓他們用正向的方式獲得大人注意，也能從中學習到生活技能。

我們可以請孩子幫忙把垃圾拿到垃圾桶丟、出門前去鞋櫃拿出自己的鞋子、自己穿鞋、餐後幫忙把碗拿到洗碗槽、幫忙按電梯的樓層……等，都是簡單又有意義的學習。別忘了，當孩子努力完成時，記得給予讚美及鼓勵喔！

把日常活動變成好玩的親子遊戲吧！

對孩子來說，生活中處處充滿遊戲的可能，若大人能體會到這點，就可以跟他們一起把平凡的日常活動變成親子間難忘的遊戲回憶。以下提供一些日常親子遊戲，供家長們參考：

1 分類衣物

衣服洗好後，可以邀請孩子一起分類衣物，把爸爸的衣服放一堆、

媽媽的衣服放一堆、自己的衣服放一堆，用這樣的方式讓他們練習分類的概念。再來，可以學習將不同類別的衣物再做一次分類，像是衣服、褲子、襪子、內衣褲、外套等，一邊分類一邊告訴孩子衣物的名稱，幫助他們建立生活詞彙。

　　另外，襪子也是很棒的生活教材，可以讓孩子學習在一堆襪子中，把一對的襪子找出來，通常孩子都會覺得很好玩喔！

2　洗水果、剝水果皮

　　可以請孩子幫忙清洗水果，並練習自己剝皮。吃著自己洗、自己剝的水果，孩子的心情也會格外滿足喔！

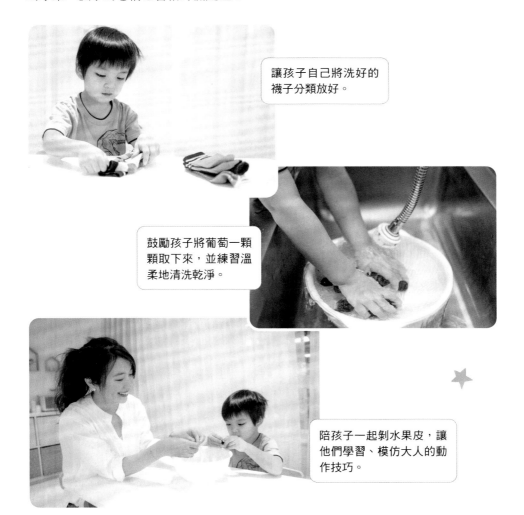

讓孩子自己將洗好的襪子分類放好。

鼓勵孩子將葡萄一顆顆取下來，並練習溫柔地清洗乾淨。

陪孩子一起剝水果皮，讓他們學習、模仿大人的動作技巧。

請孩子幫忙剝菜、洗菜、認識蔬果，也是很棒的生活學習。

讓孩子練習分類餐具。

3 洗米、洗菜

洗米和洗菜都是可以讓孩子嘗試參與的部分，剛開始他們可能只想玩水，我們可以從旁引導孩子正確的技巧，像是雙手搓米、檢查青菜上有沒有沙子等，過程中順便教他們蔬菜的名稱，讓他們實際認識與觸摸不同的蔬菜，這也是很棒的生活學習。

4 分類餐具

洗完、晾乾後的餐具，可以請孩子練習分門別類地放好，像是湯匙、叉子、筷子等，讓孩子一邊分類一邊認識不同的餐具名稱。吃飯前，可以引導孩子幫忙拿指定的餐具到餐桌上，主動參與準備吃飯的過程。

5 整理玩具

想讓孩子養成整理的好習慣，就從整理玩具開始吧！因為玩具是他們生活中最常接觸到的物品。我們可以準備幾個箱子，讓孩子學習依照種類把玩具放好，像是積木、球、車車、恐龍等，並且放在櫃子上的固定位置。

> (Tips) 不妨在盒子外貼上該種類玩具的照片，讓孩子清楚知道盒子內該放的玩具類別，在學習收納玩具時將更容易成功。

遊戲結束後，鼓勵孩子將玩具分類收好，建立收納的好習慣。

6 掃掃地

　　我們可以準備一支掃把、一個小箱子、幾顆小紙球，讓孩子練習把紙球掃進箱子中。或是，在地上用有顏色的膠帶製造一個框框，讓孩子練習用掃把將紙球掃入指定的框框中。

7 端盤子

　　準備一些兒童專用的塑膠碗，跟孩子玩端盤子的遊戲。盤子上可以放一些扮家家酒食物、小球等，讓孩子練習一邊走路一邊把盤子端到特定位置，努力將物品控制在盤子中不掉落。這個遊戲能夠促進雙手的穩定控制能力，也能讓孩子學習專注。

8 澆水

　　若家中有種植盆栽，不妨將澆水的工作交給孩子，讓孩子練習穩定抓握灑水器，將水倒進盆器中。

端盤子遊戲，讓孩子練習專心且穩定地運送盤子。

掃地遊戲，引導孩子練習用掃把將紙團掃進地上的框框中。

Chapter 3

3~6歲

的親子遊戲

3～6歲是孩子發展許多重要能力的階段，在這個時期累積的能量，都是幫助孩子7歲後上小學能學習得更好、更適應環境的關鍵。而這些重要的能力包括肢體動作、手部操作、認知概念、人際互動、情緒管理、專注力等，當我們能把這些學習目標融合在遊戲中，幫助孩子自然地透過「玩」來學習，效果將會事半功倍。想避免孩子過度使用3C最好的方法，就是我們也放下手機，在忙碌的生活中每天抽出時間和他們真實地互動，陪他們一起學習、創造好玩的遊戲時光。

40

Jump！開心跳跳！

發展重點 **感覺統合、專注力、正向情緒**

○○○○○○○○○○○○○○○○○○○○○○○○○○○○○○○○○○○○

這個時期的孩子總是有用不完的活力，他們會享受動態遊戲所帶來的感官刺激，足夠的體能活動能幫助他們情緒更穩定、學習時更專心。然而，簡單的遊戲可能已經滿足不了孩子，他們通常會喜歡有一點點挑戰性的動作，因為透過成功挑戰動作的過程，能獲得許多自信與成就感。

○○○○○○○○○○○○○○○○○○○○○○○○○○○○○○○○○○○○

● 遊戲引導與變化

跳跳跳！跳起來！給孩子的12個居家跳跳遊戲

　　跳躍是深受許多孩子喜愛的遊戲方式，因為跳躍動作能帶來豐富好玩的感覺輸入，包括前庭覺、本體覺、觸覺及視覺刺激等，且跳躍過程帶來的快樂感受也能幫助孩子釋放生活中累積的壓力。因此，在家裡我們可以準備一些簡單的道具，創造遊戲情境讓孩子能盡情地跳個夠！以下提供一些跳躍的遊戲變化方式，供家長們參考：

1 夾球跳跳

　　準備一顆充氣軟球，讓孩子把球夾在雙腳膝蓋中間往前跳。

　　可以用巧拼墊在地上拼成長長的道路，給予明確的視覺提示，並搭配一些活動任務（例如：拿拼圖），拉長孩子運動的時間。

2 套圈圈跳跳

　　請孩子把雙腳套進圈圈中，努力保持平衡往前跳。

　　套圈圈跳的遊戲縮小了孩子雙腳的重心空間，因此會考驗他們的平衡感，是很棒的平衡訓練，建議可以在軟墊上玩比較安全。

3 撐手跳跳

　　請孩子雙手撐在地上，雙腳往前跳，再將雙手往前挪，雙腳再繼續往前跳，不斷重複這樣的動作。

　　這個遊戲會考驗孩子手腳的分化，剛開始可能會在雙腳跳起時，雙手也一起離開地面，大人可以透過示範與引導幫助孩子理解。

進階
變化　若孩子覺得雙腳跳太簡單，我們可以請他們一腳勾在另一腳後方，用撐手單腳跳的方式前進。

請孩子雙膝中間夾一顆小皮球，跳在巧拼軌道上。

請孩子把雙腳套進圈圈中，學習保持平衡並往前跳，完成時別忘了給予鼓勵。

讓孩子雙手撐地往前跳，這個動作能帶來大量本體覺輸入，幫助孩子穩定活動量與情緒。

在地上擺放障礙物，讓孩子練習跳過去。

請孩子雙腳伸進跳跳袋或大布袋中跳跳，記得在軟墊上玩比較安全。

地上擺放不同間距的腳印或地墊，請孩子看著提示開合跳，幫助他們越跳越專心。

4 跳障礙物

可以在地上設置一些障礙物，像是三角錐、紙板等，讓孩子練習跳過去。障礙物的高度要隨著孩子可以跳高的程度做調整。

5 袋鼠跳跳

準備一個跳跳袋或大布袋，請孩子把身體裝進去，然後以手抓著袋子往前跳。

6 跳跳馬

跳跳馬也是孩子們非常喜愛的遊戲，透過在跳跳馬上彈跳，孩子可以獲得豐富有趣的感官刺激。家中若有充氣的跳跳馬，不妨試試看。

7 開合跳

準備幾個圈圈、巧拼墊或腳印，在地上以不同間距的方式交替排列，鼓勵孩子用開合跳的方式前進。

8 側跳

在地上貼一條繩子，請孩子手插腰，輪流往左、右側跳，一邊前進。也可以在中線兩邊放上圈圈或巧拼墊，提供孩子更明確的路徑視覺提示。

9 旋轉跳

準備幾個圈圈或巧拼墊，在圈圈內或墊子上貼箭頭卡片，讓孩子練習看箭頭判斷方向，做出旋轉跳躍的動作。這個活動充滿挑戰性與樂趣，促進孩子肢體協調之餘，也能發展出更好的空間概念。

10 單腳跳

示範並鼓勵孩子練習用單腳跳的方式前進。若想增加遊戲難度，可以請孩子單腳跳入指定的圈圈或墊子裡。假如孩子還無法成功做出單腳跳的動作，爸爸媽媽無須過於擔心，多練習通常就能慢慢掌握動作技巧。大人也可以適時地牽著孩子的手跳，建立成功經驗。

發展知識

一般來說，3 ～ 4 歲的孩子可以原地單腳跳至少 1 下，4 ～ 5 歲的孩子可以原地單腳連續跳 3 ～ 5 下，5 ～ 6 歲的孩子可以往前單腳跳連續 5 下以上，6 歲的孩子已經可以連續單腳跳 6 公尺以上。

11 往後跳

　　若往前跳對孩子而言已經太簡單，也可以跟他們一起挑戰往後跳的遊戲。

12 跳數字

　　在地上擺數字墊，請孩子按照數字順序跳上去，或是念一串數字請孩子去跳。此遊戲可以讓孩子一邊跳一邊認識數字，適合跟正在學習數字的孩子一起玩。

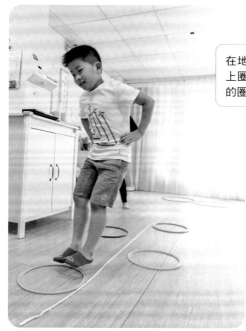

在地上貼繩子，於繩子兩邊放上圈圈，請孩子練習跳進旁邊的圈圈，一邊前進。

往前側跳的動作熟練後，也可以讓孩子挑戰往後側跳。

在地上貼箭頭，請孩子依照箭頭方向旋轉跳。

請孩子單腳跳入圈圈中，剛開始尚未熟悉規則時，大人可以在旁邊陪著孩子練習。

往後跳的動作更考驗孩子對身體重心的控制，是進階的動作練習。

\\\\\ 小 提 醒 \\\\\

上述幾種跳跳遊戲，都建議讓孩子在瑜伽墊或軟墊上進行，會更加安全喔！

41

我是大力士

發展重點　感覺統合、核心肌群、情緒穩定、專注力

3～6歲的孩子正處於精力旺盛的階段，足夠的核心運動可以帶來更多的本體覺輸入，除了能調節孩子的活動量需求，也能幫助他們發展出更穩定的情緒。此外，鍛鍊核心肌群還能為孩子的動作穩定性、肢體協調、平衡能力和姿勢控制發展，奠定重要的基礎。

● 遊戲引導與變化

陪孩子練出強壯的核心肌群

定點的核心肌群運動通常不需要非常寬敞的空間，也不需要專業器材，因此非常適合在家陪著孩子一起做。以下介紹8個我們可以跟3～6歲孩子一起玩的核心肌群遊戲：

1 仰臥起坐

我們可以壓著孩子的腿，拉著孩子雙手輔助他們起來。若孩子腹部肌力夠，可以鼓勵他們以手抱胸或抱頭，自己起來。

鼓勵孩子完成指定的動作次數，或是跟孩子玩每次起來都可以和爸爸媽媽抱一下或親一下的遊戲。

2 腳踢牆壁

讓孩子躺著、頭靠牆，運用腹部和下肢力氣將腳抬起、往後碰到牆壁。若孩子做不到這個動作，大人可以稍微扶著他們的腳，給予協助。

鼓勵孩子完成指定的動作次數，或是在牆上貼孩子喜歡的圖案，增加他們的遊戲動機。

3 空中腳踏車

讓孩子躺著，腳抬在空中交替踩踏，像是在騎腳踏車一樣。

遊戲過程中可以跟孩子一起創造故事，想像要騎腳踏車出去玩。也能隨著故事改變雙腳踩動的速度，增加遊戲樂趣，例如：遇到下坡踩快一點、遇到上坡踩慢一點等。

仰臥起坐

腳踢牆壁

空中腳踏車

四點撐的平衡練習

小飛機遊戲。剛開始可以給孩子一些動作上的協助，幫助他們熟悉身體用力的方式。

小桌子遊戲（和動物說話）

小桌子遊戲（在孩子身體下方滾球）

4 腳腳寫數字

　　坐著或躺著的姿勢下將雙腳併攏、抬起來寫數字。

　　可以跟孩子玩撥打電話號碼的遊戲，或是互相用腳寫數字，讓對方猜猜看。

5 四點撐

　　讓孩子雙手與雙膝著地撐著，引導他們將其中一手或一腳抬起，或是同時將對側邊的手和腳抬起，維持平衡不倒下。

　　可以請孩子在四點撐的姿勢下，將玩具放入箱子中，或是跟他們比賽在一手一腳抬起的情況下，誰可以維持平衡比較久。

6 小飛機

　　讓孩子在趴著的姿勢下，練習把手跟腳同時抬離地面。若剛開始做不到這個動作，可以先只抬高雙手或抬高雙腳就好，把上肢和下肢動作拆開來練習。

　　鼓勵孩子完成指定的秒數，並且請他們大聲唱數，這麼做可以避免孩子憋氣做動作。

7 小桌子

　　讓孩子面朝上，手掌和腳掌撐在地上，肚子往上抬高，變成像一張桌子一樣的姿勢。

　　可以在孩子的肚子上放小玩偶，陪孩子講話聊天，也可以請孩子想像自己的身體是一座橋，魚會從下面游過（滾球代表游泳的魚）。

8 溜滑梯

　　讓孩子面朝下，手伸直撐在地上，身體呈現一直線。

　　引導孩子想像自己變成了一座溜滑梯，孩子成功做出動作後，在他們的背後滾球或娃娃，增加遊戲樂趣。

`\\\\\` 小 提 醒 `/////`

這些運動對剛開始練習的孩子而言都不容易，若爸爸媽媽可以陪著他們一起做，並且試著用有趣的遊戲方式來互動，就會發現孩子的動作一次比一次進步，也能增進親子間的感情交流喔！

42

適合年齡

3~6
歲

平衡遊戲

發展重點 感覺統合、平衡感、專注力

在感覺統合的發展中，平衡感是一項很重要的指標。當孩子能發展出良好的平衡感，也代表著他們可以穩定地控制身體肌肉、情緒與專注力，且足夠的平衡練習能為日後的肢體協調能力奠定重要基礎。

● 遊戲引導與變化

讓孩子在平衡中學習專注的能力：單腳平衡遊戲

　　講求平衡的活動，需要很好的身體控制能力與專注力才能完成，因此在臨床上常被職能治療師用來訓練感覺統合發展不良，或專注力不足的孩子。以動作發展的里程碑來看，3歲大的孩子通常能維持單腳站至少1～2秒；4～5歲的孩子可以單腳站5秒以上；5～6歲的孩子可以單腳站8秒以上；6歲以上的孩子可以單腳站10秒以上。若想在家中訓練孩子的平衡感與專注力，不妨試試以下介紹的幾種單腳平衡遊戲：

1　單腳站比賽

　　和孩子比賽定點單腳站，看看誰可以站得比較久。或是幫孩子計時，讓他們挑戰指定秒數闖關。

2　單腳踩球

　　準備一顆充氣軟球，請孩子單腳輕踩著球並維持身體穩定。

進階
玩法

可以讓孩子在單腳踩球的過程中丟沙包或小球，會更考驗身體的平衡能力。請孩子一腳輕推著球前進，也是很具挑戰性的玩法喔！

3　單腳踢氣球

　　可以將氣球綁上繩子，固定在桌子或椅子邊，請孩子維持單腳站立的姿勢，用另一隻腳去踢氣球。

4 單腳套圈圈

　　準備一些套圈圈玩具，讓孩子以單腳將圈圈放進三角錐中。

5 踩高蹺

　　踩高蹺是很適合用來訓練孩子平衡感的遊戲，可以引導孩子將繩子拉直，腳踩穩並維持身體平衡。對孩子而言，前進的每一步都需要很好的平衡控制與專注力。

可以讓孩子踩著球往前走，很考驗平衡感！

踩高蹺遊戲

單腳套圈圈遊戲

\\\\\\ 小 提 醒 //////

　　上述幾種平衡遊戲，都建議讓孩子在瑜伽墊或軟墊上進行，會更加安全喔！

43

球類遊戲

發展重點 **手眼協調、專注力、反應力、正向情緒**

這個時期的孩子，會透過不同的球類遊戲建立起操控球的技巧與專注力，玩球的過程也能提升他們的正向情緒與自信。因此，在家我們可以多跟孩子一起玩球，促進發展的同時，也能增進親子間的交流。

● 遊戲引導與變化

永遠能為孩子帶來快樂的球：進階球類遊戲

在前面1～3歲的章節中，有介紹過許多初階的球類遊戲，像是丟接球、踢球、投籃等，那些遊戲也都非常適合跟3～6歲的孩子一起玩喔！

在這個章節裡，會介紹一些更有挑戰性的遊戲，若孩子覺得初階的遊戲已經太簡單或玩膩了，不妨試試以下介紹的幾種球類遊戲：

【 充氣的小皮球 】

1 原地拋接／對牆丟接

讓孩子練習原地將球拋高後，自己接住掉下的球，或是對著牆壁丟球，並接住反彈的球。可依孩子的年齡或能力，給他們指定的次數作為目標，例如：對牆丟接連續成功30下。

> Tips 剛開始孩子可能會因為力道或方向控制不好而失敗，應鼓勵他們去觀察、調整自己的動作，這也是很棒的自我覺察練習喔！

2 彈地接／運球

讓孩子練習將球彈地後自己接住，或是一邊拍球一邊往前走。

> Tips 剛開始練習彈地接球時，孩子可能會將球往前方地上丟，使得球滾走而接不住。我們可以在地上放圈圈、墊子或用彩色膠帶貼一個叉叉，提供明確的視覺提示，讓孩子練習做出垂直向下丟球的動作。

原地拋接球

彈地接球。可以在地上
擺放圈圈或墊子，提示
孩子垂直向下丟球。

對牆丟接球

\\\\\\ 小提醒 //////

上面提到的幾種遊戲，孩子會需要良好的穩定性與自我控制能力才能
順利進行，非常適合用來幫助容易分心、衝動急躁或情緒不好的孩子
穩定下來。

身體傳球遊戲

用寶特瓶或球拍運球，這類遊戲能促進孩子的手臂穩定性與專注力控制，可以多多練習。

聽顏色蓋球遊戲

3 身體傳球

跟孩子玩用腳夾球傳接，或是用其他身體部位傳球，都是既有動作挑戰的樂趣，又能促進親子互動的遊戲。

【 彩色的塑膠小球 】

1 丟接小球

因為小球體積小又輕，丟接時非常考驗孩子的動作反應與手眼協調能力，是進階球類遊戲的好選擇。

> 進階
> 玩法
>
> 炸彈遊戲：可以指定某種顏色的球是炸彈，孩子不能接，而炸彈以外的其他顏色都是寶物，孩子要及時接住才算得分。與孩子面對面，連續丟球給他們，看看時間內能成功收集到幾顆寶物。此遊戲會考驗孩子的選擇性注意力，孩子要學習只對指定顏色做出反應、忽略不要的顏色，這對他們來說是很棒的專注力練習。

2 道具運球

準備一些道具，像是球拍、寶特瓶、報紙等，讓孩子練習運球，從起點走到終點。因為塑膠小球很輕、容易掉落，當孩子一邊運球一邊走路時，會訓練到他們的上肢穩定度與專注力控制。

3 聽顏色蓋球

準備一個能蓋住小球的茶葉罐或三角錐，在前方滾球給孩子，讓孩子練習追視移動中的小球，並用罐子蓋住。等孩子進步了，可以同時滾 3 ～ 5 顆不同顏色的小球，請孩子專心聽、認真看，努力去蓋住指定顏色的球。

44

適合年齡

3~6
歲

氣球不落地

發展重點　**手眼協調、專注力、反應力、正向情緒**

氣球遊戲對孩子而言是很好玩的遊戲，可以提升他們的正向情緒。由於氣球飄浮的特性，會隨著孩子拍的力道、環境中的風等因素而隨時改變高度與方向，因此孩子練習控制氣球的過程中，會需要更多的專注力與動作協調來幫忙。孩子在遊戲中會學習到如何專注地追視氣球，以及身體快速反應與調整動作的能力。

● 遊戲引導與變化

努力往上拍，別讓氣球落地！

給孩子一顆氣球，請他們努力將氣球往上拍，別讓氣球掉到地上。過程中可以請孩子一邊拍一邊大聲數出拍了幾下。

【增加動機的方式】

1 我們可以跟孩子比賽，看看時間內誰可以拍比較多下，或是誰可以讓氣球不落地的時間較長。
2 跟孩子合作交替著拍，促進親子之間的互動。
3 給予孩子一個明確的目標，例如連續拍30下才算過關，引發他們想要挑戰的動機。

【動作引導的技巧】

如果孩子一直無法讓氣球維持在空中，可能是因為手掌往上的動作做得不夠好，導致氣球一直往前後或旁邊的方向飛，可以先教導他們手掌往上的動作技巧。

另外，有些孩子可能會因為反應不過來而一直拍不到氣球，可以鼓勵他們把氣球拍高一點、增加緩衝時間，並且引導他們更專心地追視氣球、快速移動到氣球下方等待氣球落下。

鼓勵孩子努力將氣球往
上拍、不落地。

和孩子一起合作拍球，
是非常好玩的親子互動
遊戲。

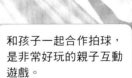

讓孩子挑戰同時拍兩顆氣
球，很考驗專注力唷！

用巧拼墊拍氣球。

用手肘將氣球往上拍。

挑戰用腳將氣球往上踢。

延伸遊戲

1 增加氣球數量：若孩子變厲害了，我們可以讓他們挑戰一次拍2～3顆氣球，並且努力專注地把氣球往上拍，維持在空中越久越好。此遊戲非常考驗孩子的分離性專注力，也就是同時注意兩個目標的能力，適合給喜歡動作挑戰或年紀較大的孩子玩。

2 用不同道具試試看：我們也可以運用家中常見道具，像是球拍、軟棒、巧拼墊……等，讓孩子學習運用不同的道具拍氣球，增加不同的動作經驗。

3 挑戰用不同身體部位拍氣球：除了用手拍氣球，也可以鼓勵孩子試著以不同的身體部位將氣球往上拍，像是用單腳把氣球往上踢，可促進單腳的平衡與控制，或是用膝蓋或手肘等身體部位想辦法讓氣球往上飛，促進肢體協調與動作計畫的能力。

用充氣軟棒拍氣球。

45

親子瑜伽好好玩

發展重點 兒童瑜伽、肢體協調、親子互動

近年來瑜伽運動盛行，兒童瑜伽也越來越受到重視。不同於成人瑜伽，兒童瑜伽更強調用「玩」的方式來進行，在遊戲中學習覺察自己身體的狀態，並自然地做出瑜伽體位，達到專注、放鬆、平衡、互動的效果。

● 遊戲引導與變化

從瑜伽中找到專注與柔軟的力量：親子瑜伽遊戲

兒童瑜伽不強調孩子一定要做到很標準的動作，而是著重在與孩子的互動，引導他們在瑜伽遊戲中發揮想像力，自然地做到自己能做到的程度，慢慢藉由練習去感受身體的進步。

兒童瑜伽的體位法很多，以下提供 8 個做起來安全又好玩的親子瑜伽遊戲，不妨與孩子一起在家試試看：

1 我是一座安靜的小山（山式）

| 引導技巧 |

請孩子雙腳與肩同寬，站穩在瑜伽墊上，閉上眼睛想像自己是一座穩定又安靜的山。張開眼睛後，雙手往上高舉，同時踮起腳尖，像是要摸到天空一樣，維持此姿勢 5 ～ 10 秒後，回到站姿，可以重複多次。

| 遊戲方式 |

可以把鈴鼓拿在孩子頭的上方，讓孩子伸手去觸摸，想像自己正在感受溫暖的太陽或是柔軟的雲。

| 體位好處 |

這個體位法是許多站姿體位的基礎，可以幫助孩子延伸拉長脊椎，保持專注與穩定。

讓孩子閉上眼，想像自己是一座穩定的小山。（山式）

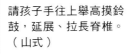

請孩子手往上舉高摸鈴鼓，延展、拉長脊椎。（山式）

用鈴鼓替種子澆水，讓小樹慢慢長高。（樹式）

和孩子一起在瑜伽中維持平衡與專注。（樹式）

2 慢慢長高的小樹（樹式）

| 引導技巧 |

　　將一腳的腳掌貼在另一腳的大腿內側，再將雙手合十往上延伸，維持此姿勢5 ～ 10秒後，換邊練習。

| 遊戲方式 |

　　讓孩子想像大樹成長的過程，從一顆小種子開始，蹲在瑜伽墊上，身體蜷縮起來。在孩子身邊搖動鈴鼓代表澆水、給予養分，小種子獲得養分後會慢慢長高，從深蹲、半蹲到站直。持續地搖動鈴鼓，孩子也持續地長高，接著把手往上延伸，長出樹枝，將一腳抬起。

| 體位好處 |

　　此姿勢能讓孩子保持專注與穩定，維持單腳平衡，延伸拉長脊椎，促進全身血液循環。

3 小狗狗伸懶腰（下犬式）

| 引導技巧 |

　　請孩子先四點撐地，臀部往後翹高，手和腳都伸直，脖子放鬆地看向大腿，身體呈現三角形，想像自己是一隻正在伸懶腰的小狗，維持此姿勢5 ～ 10秒後，回到四點撐地，可以重複多次。

| 遊戲方式 |

　　請孩子做出下犬式後，在他們身體下方滾球，看著球滾過去會讓孩子覺得很有趣，也可以和他們玩鑽山洞的遊戲（從身體下方爬過去）。

| 體位好處 |

　　可拉伸腿部、背部、頸部和手部肌肉，促進肌肉發育與血液循環。

下犬式的動作可以拉伸到背部與腿部肌肉，很適合大人小孩一起做，也可以跟孩子一起邊做瑜伽邊玩遊戲。

177

4 噓！小蛇來了！（蛇式）

| 引導技巧 |

請孩子趴著、額頭貼地，手掌朝下放在肩膀兩側。想像自己是一隻慢慢甦醒的小蛇，上半身慢慢往上延伸，眼睛看向天花板，維持姿勢5～10秒後變回趴姿休息，可以重複多次。

| 遊戲方式 |

在孩子前方拿著一顆綁有繩子的小氣球，讓孩子維持蛇式並對著氣球吹氣。

| 體位好處 |

能拉伸脊椎與肩頸，刺激視神經，延展胸腔與喉部，增強免疫力。

5 喂？有人在家嗎？（電話式）

| 引導技巧 |

請孩子輕鬆地坐著，慢慢用雙手抱起其中一腳的小腿，將腳掌貼到耳朵旁，想像腳掌是電話話筒，可以用來打電話。維持姿勢5～10秒後換邊練習。

| 遊戲方式 |

可以告訴孩子電話線打結了，需要先鬆開才能打電話，引導孩子雙手抱著大腿轉動髖部，再抱著大腿左右搖晃，然後固定小腿、轉動腳踝，最後再進入打電話的體位。跟孩子玩打電話聊天的遊戲，或是讓孩子想像打給森林裡的好朋友。

| 體位好處 |

可以伸展手臂和腿部關節，保持肌肉的彈性與柔軟度。

進行親子瑜伽時，可以和孩子面對面，讓他們跟著模仿動作。（蛇式）

可以讓孩子在蛇式下玩吹氣球遊戲,訓練肺活量。

做電話式之前,可以帶孩子轉動腿部關節暖身。

和孩子在電話式中聊天,共度快樂親密的互動時光。

6 小蝴蝶飛飛飛（蝴蝶式）

| 引導技巧 |

請孩子輕鬆地坐著，將膝蓋往外打開，雙腳腳掌貼在一起，雙手握住腳掌，雙腳輕輕地上下震動，像是蝴蝶拍動翅膀一樣。持續10 ～ 20下後，身體往前彎，伸展休息。

| 遊戲方式 |

讓孩子想像自己是一顆蛹，雙手抱住膝蓋。慢慢地伸展開來，打開右邊翅膀，再打開左邊翅膀。過程中和孩子一起發揮想像力，用說故事的方式進行。蝴蝶可以一邊拍動翅膀（持續震動雙腿），一邊往左右飛（身體往左右傾斜）、往前飛（身體前傾）、往上飛（背部往上延伸拉長）等，最後停在一朵美麗的花朵前面，身體前彎吸花蜜。

| 體位好處 |

能保持腿部關節的彈性，並延展大腿內側與背部肌群，維持身體的柔軟度。

7 美麗的小花鹿（鹿式）

| 引導技巧 |

請孩子先跪坐，想像自己是一隻美麗的小花鹿，臀部稍微抬起，身體往前傾，眼睛看向前方，背部與頸部延伸拉長，雙手往後、手掌朝上、五指用力張開，像是長出鹿角一樣。維持此姿勢5 ～ 10秒後，回到輕鬆的跪坐，可以重複多次。

| 遊戲方式 |

引導孩子做出鹿式後，可以跟他們玩背後傳球的遊戲。

| 體位好處 |

此姿勢能延展到胸腔與背部肌群，預防或改善駝背問題，同時也能刺激視神經、末梢神經與血液循環，增強免疫力。

> 帶著孩子震動雙腳，如同蝴蝶振動翅膀一般。身體可以往不同方向延展。（蝴蝶式）

8 放鬆的小寶寶（嬰兒式）

| 引導技巧 |

　　請孩子先輕鬆地跪坐，身體慢慢前傾，最後貼在地上，額頭點地或臉側向一邊，雙手自然地放在身體兩側，閉上眼睛，想像自己是個在媽媽肚子裡的小嬰兒。

| 遊戲方式 |

　　可以跟孩子聊聊當小嬰兒的感受，讓他們有機會說出想被關懷、撫慰的渴望。帶著孩子做出嬰兒式的動作以後，可以輕撫他們的背、唱歌給他們聽。

| 體位好處 |

　　此體位法很適合在做完運動後或晚上睡前做，可以幫助身心放鬆，對於情緒不穩定、身體緊繃、睡眠品質不佳的孩子都有助益。

引導孩子手往後、往上延展，想像自己變成了一隻美麗的小鹿。（鹿式）

和孩子一邊做鹿式，一邊玩傳球遊戲。

嬰兒式的動作可以幫助孩子放鬆身心、穩定情緒。

46

聽覺專注力遊戲

發展重點 聽知覺、專注力、反應力

在孩子的學習歷程中，常常都會被提醒要「認真看」，但其實「認真聽」也是一種非常重要的能力。日常生活裡，孩子若能維持良好的聽覺專注力，有助於提升他們對指令的反應、口語表達、記憶與學習等能力。

● 遊戲引導與變化

一邊玩遊戲，一邊練習認真聽、專心看！

　　遊戲是最能夠引發孩子動機的方式。對於容易不專心的孩子而言，與其一直告訴他們「要專心！」，不如帶領他們玩專注力遊戲，讓他們在遊戲中自然地投入，體會並記住專心的經驗與感受。以下列出幾個簡單又好玩的居家聽覺專注力遊戲，供家長們參考：

1 鈴鼓跑跑跑

　　準備一個鈴鼓，在地上擺幾個圈圈或巧拼墊，告訴孩子「當你聽到搖鈴鼓的聲音，要在墊子外面跑跑，當你聽到敲鈴鼓的聲音，要快點站到墊子上」。過程中，我們可以變換搖鈴鼓與敲鈴鼓的聲音，讓孩子練習專心聆聽聲音變化，並且跟著做出反應。當我們轉換鈴鼓聲音的速度越快、越頻繁，孩子就要更全神貫注地做出反應。

> **進階玩法** 若想增加此遊戲的難度，我們可以把跑步改成雙腳跳、單腳跳、在地上爬行、蹲著走等動作，能讓精力旺盛的孩子消耗更多體力。

2 聽一聽，快快跑還是慢慢走？

　　準備兩根鼓棒或一般的棒子，告訴孩子「我會用不同的速度敲鼓棒，你要專心聽，腳步要跟鼓棒的速度一樣。當我敲得又急又快，你要快快跑，像是跑得很快的花豹一樣；當我敲的速度很慢，你就要把速度

玩鈴鼓跑跑跑遊戲時，孩子要專心聽鈴鼓的聲音，做出正確反應。

用鼓棒敲地板，讓孩子跟著鼓棒的節奏快走、慢走。

在孩子背後敲打樂器，讓他們聽聲音猜猜看是什麼樂器。

準備幾個鞋盒，貼上色紙，讓孩子聽指令打鼓。

慢下來，像是小烏龜走路一樣」。讓孩子在遊戲中建立快與慢的概念，練習聆聽聲音並控制動作的速度。

> **Tips** 這個遊戲很適合幫助孩子建立自我控制能力，尤其是那種平常動作又快又急、總是控制不了自己的孩子。他們能在遊戲的過程中體驗到，慢下來跟快快跑帶來的不同感受。

3 專心聽，跳幾下？

請孩子站在墊子上、背對我們，告訴孩子「等一下我會在你背後拍手，你要仔細聽我拍了幾下，並且在心裡記起來。在我說『開始！』之後，在墊子上跳跟我拍手一樣多的次數」。剛開始可以拍慢一點、少一點，先讓孩子熟悉遊戲規則，等孩子變厲害了，再慢慢增加拍手的速度與次數。

4 樂器猜猜看

準備幾種不同的樂器，像是鈴鼓、棒棒糖鼓、響板等，或是一些家裡現有的物品，例如寶特瓶、面紙盒、鍋子、鐵罐等。先讓孩子自由地敲打這些東西，把它們發出的聲音記在腦海裡，接著請孩子轉過去，在他們背後敲打其中一種樂器／物品，請他們猜猜看剛才敲了什麼。

5 我是小鼓手

準備幾個空紙盒，在上面貼不同顏色的紙，給孩子兩支棒子，請他們仔細聆聽我們的指令，並依序敲打正確的顏色，例如：當我們說「紅綠藍黃」，孩子要按照順序敲打紅色、綠色、藍色、黃色的盒子。當我們給的指令越複雜，孩子就要更認真聽並努力記住才能成功。

47

生活自理我最行

適合年齡

3~6
歲

發展重點 生活自理、精細動作、自製教材

上小學前，是孩子累積生活自理能力的黃金期。隨著孩子年齡的增長，大人的重要任務是逐漸減少生活上的協助，鼓勵他們多嘗試、摸索，並且透過不斷練習去精熟各種生活技能。當孩子擁有生活自理能力，就不需處處仰賴大人幫忙，對他們的身心發展來說是個很重要的里程碑，也能讓他們上小學後更適應校園生活。

● 遊戲引導與變化

自己解決生活上的小困難：給孩子的生活自理訓練

生活中有許多可以培養孩子生活自理能力的機會，像是每天的吃飯時間、穿脫衣服、做家事，或者遊戲等方式。我們可以鼓勵孩子自己去完成某項活動，在一次次的嘗試中慢慢掌握技巧，並且獲得自信。以下提供簡單的居家遊戲和生活自理的引導技巧，供家長們參考：

1 學會自己扣鈕扣、拉拉鍊

衣服上的鈕扣和拉鍊，是許多孩子穿脫衣服時的小挑戰。在動作發展上，3～4歲大的孩子能夠自己解開鈕扣和拉鍊頭，4～5歲的孩子可以扣上鈕扣和拉鍊頭。想訓練孩子自己扣鈕扣或拉拉鍊，可以遵循以下介紹的引導技巧與遊戲方法。

❶ 先將衣服放在桌上練習，動作熟練後，再練習處理穿在身上的衣服。

當衣服穿在孩子身上，孩子會需要低頭去看，很容易看不清楚。加上動作尚不熟練時，很難建立成功經驗，久而久之孩子會因為感到挫折而不願意嘗試。因此，剛開始可以先將衣服放在桌上練習，讓他們在能夠從正面看得很清楚的情況下練習，是非常簡單又有用的引導技巧。

❷ 先學會解開的動作，再練習扣上鈕扣和拉鍊頭的動作。

因為扣鈕扣／拉鍊頭的動作會需要對準，必須有較好的手眼協調與精細動作能力才能做到。我們可以先引導孩子練習解開的動作，學會之後再練習扣上的動作，減少練習過程中的挫折感。

學習扣鈕扣時，可以先
將衣服放在桌上練習，
再穿在身上練習。

學習自己扣上拉鍊
頭，也是很棒的生
活自理練習。

用不織布自製教材，
讓孩子練習扣鈕扣的
動作技巧。

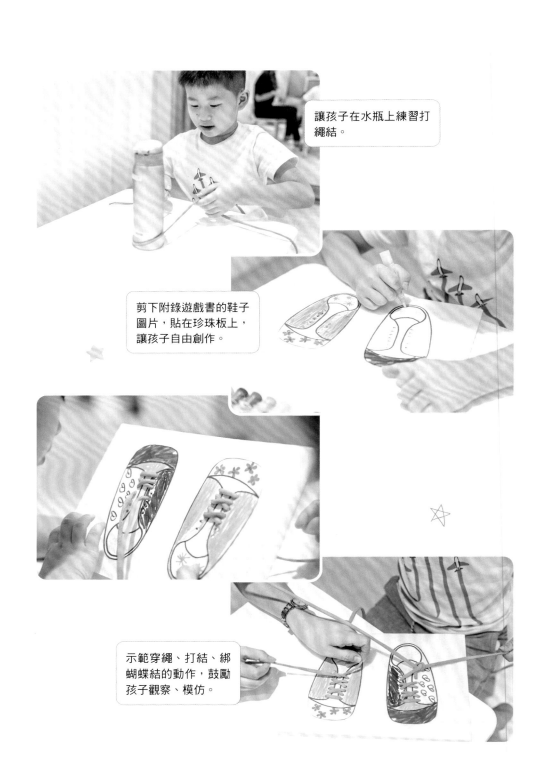

讓孩子在水瓶上練習打繩結。

剪下附錄遊戲書的鞋子圖片，貼在珍珠板上，讓孩子自由創作。

示範穿繩、打結、綁蝴蝶結的動作，鼓勵孩子觀察、模仿。

❸ 先練習大鈕扣，再練習小鈕扣。

孩子的衣服鈕扣都很小，很考驗手指的精細動作能力，因此剛開始練習時，可以用家中大人的衣服，鈕扣和洞口較大能使孩子更容易成功。

❹ 教材 DIY：自製不織布鈕扣教材

準備一些不織布、緞帶和鈕扣。將鈕扣縫或黏在緞帶的一端，並將緞帶另一端打結。剪幾塊小塊不織布（可以剪成不同的可愛形狀），並在不織布中間剪開一個洞，讓孩子練習把鈕扣從不織布的洞中間穿過去，像是串珠一樣。過程中，孩子能練習到以前 3 指捏鈕扣，並對準洞口穿入的動作。

2 學會自己打繩結、綁鞋帶

一般來說，孩子會在 3 ∼ 4 歲大時學會用繩子打一個平結，4 ∼ 6 歲時可透過練習學會繫鞋帶。打繩結或綁鞋帶很考驗孩子的動作熟練度與空間概念，許多孩子在過程中會遇到困難。以下提供一些引導孩子學會打繩結／繫鞋帶的方法。

❶ 找一個瓶子，讓孩子練習在瓶子上打結。

由於繩子很軟，許多孩子剛開始會覺得很難控制，更別說是要打一個結。我們可以找一個有重量的水瓶或玩具，請孩子先將繩子繞過水瓶後方，在水瓶前方練習打結。這麼做可以看得更清楚，對孩子來說會簡單許多。

❷ 搭配口訣與示範幫助孩子記憶。

很多孩子在練習打繩結的過程中，會一直搞不清楚繩子的空間關係，也不知道要將哪一條繩子穿進洞口，因此遲遲無法成功。我們可以給孩子一些簡單的口訣，像是「先交叉，下面的繩子穿進洞裡，再拉緊」等，或是用遊戲的比喻讓孩子覺得好玩，例如告訴孩子「讓兩條小蛇打架，看看誰被壓在下面，就要從山洞下面鑽出來」，增加他們的學習動機並促進理解。

❸ 教材 DIY：自製綁鞋帶教材

剪下附錄遊戲書中的鞋子圖片，貼在珍珠板上，用竹籤戳洞，並讓孩子練習依序把鞋帶穿進鞋子中，最後再練習綁上蝴蝶結。鞋子圖可以讓孩子自由塗鴉著色，創作出獨一無二的教材。

3 學會自己用夾子夾東西、用筷子吃飯

3～4歲的孩子可以多練習使用夾子。使用夾子的能力是利用許多工具的重要基礎，建議提供冰塊夾給孩子練習，因為冰塊夾符合孩子手的大小，他們用起來會更加順利。4歲過後就可以讓孩子試著練習用筷子，剛開始可以先找可拆式的筷子輔助套，讓孩子能更順利地使用、建立信心，當他們的動作漸漸熟練以後，再將輔助套拿掉。

我們可以讓孩子以夾子或筷子來玩遊戲，像是夾海綿、夾彈珠、疊積木等，他們會一邊玩一邊累積動作技巧。或是讓孩子在餐桌上練習自己夾菜吃飯。

4 認識硬幣、幫忙買東西

當孩子有數字和數量的概念後，就可以開始讓他們認識錢幣，像是準備幾個小盤子和不同硬幣，鼓勵他們練習分類。或是多跟他們玩買東西的遊戲，與孩子輪流當老闆或客人，讓他們學習拿指定的錢幣。

在遊戲中，我們可以帶孩子練習生活情境對話，例如：詢問老闆價錢、對客人說謝謝光臨等，促進他們的口語表達能力。帶孩子出門買東西時，多鼓勵他們練習拿出指定的硬幣，像是告訴他們「媽媽還少一個十元，這些錢錢哪個是十元呢？請你幫忙拿給媽媽」。更大一點的孩子，甚至可以給他們一個專屬的小錢包，引導他們練習數錢幣，並自己拿給店員或投進自動販賣機中，這些都是非常棒的生活學習喔！

和孩子練習生活對話、
結帳、拿錢與找錢。

練習用夾子疊高積木。

用學習筷夾小棉球放進瓶子中。

讓孩子學習分類硬幣。

48

視知覺遊戲

發展重點 視知覺、專注力、反應力、自製教材

在日常生活中，孩子常常透過「看」來學習事物，因此視知覺的能力對他們各方面的發展而言，都扮演著重要的角色。視知覺發展得好，孩子學習時就更能適應不同的視覺變化，專注力與認知表現也都會提升。

● 遊戲引導與變化

為什麼「視知覺」很重要？視知覺在孩子生活中扮演的角色

什麼是「視知覺」呢？簡單來說，視知覺就是「視覺」加上「認知」。當一個活動任務在眼前，我們眼睛會看、大腦會想，最後決定要如何動手做，這樣的訊息處理過程便是視知覺。以拼圖為例，當一堆散亂的拼圖擺在孩子面前，孩子會開始透過眼睛去觀察拼圖的形狀與圖案，在腦中思考要用哪些策略來組裝這些拼圖，最後動手完成拼圖，整個過程便是在運用視知覺達成任務目標。

因此，我們可以想像，在孩子每天的生活中視知覺無所不在，包括在教室門口從一堆鞋子中找到自己的鞋子、完成拼圖、模仿摺紙步驟等。上了小學，課業學習上更是處處充滿著視知覺的挑戰，像是區辨相似字、記住學過的字、抄寫老師黑板上的字等。

用視知覺遊戲幫助孩子越來越專心！

視知覺又可分成很多面向，像是視覺搜尋、視覺區辨、視覺空間、視覺記憶……等，我們可以在不同遊戲中融合視知覺的概念，讓孩子在上小學前，透過遊戲促進視知覺發展，日後便能更專注地學習。以下提供幾個簡單好玩的居家視知覺遊戲，供家長們參考：

1 毛毛蟲雙胞胎

準備一張白紙、彩色筆和各色圓點貼紙。在紙上畫兩條線，於其中一條線上貼一連串不同顏色的貼紙作為毛毛蟲，請孩子在另一條線上貼出一模一樣順序的毛毛蟲。此遊戲可訓練孩子的順序概念，並建立良好的視覺搜尋習慣。

Tips 剛開始可以先從少少的貼紙開始，等孩子進步後再慢慢增加貼紙數量。另外，建議引導孩子從左邊依序貼到右邊，避免從中間開始貼或跳著貼，因為一般閱讀時的視覺方向都是從左到右。透過這個遊戲建立孩子良好的視覺搜尋方向，能預防將來閱讀時有跳行漏字的情況。

2 跟著做做看

準備一些雪花片，大人先用雪花片組裝出一個物件，引導孩子仔細觀察後，試著模仿、做出一樣的形狀。此遊戲可促進孩子的視覺區辨能力和空間概念，並且練習到手部精細動作。

Tips 剛開始先從 3 ～ 5 個雪花片組裝成的形狀開始，等孩子進步後再慢慢增加雪花片數量與形狀的複雜度，像是組裝兩個長得很像的形狀，故意變化其中幾個雪花片的顏色或位置，讓孩子觀察並找出兩個形狀的相異之處。

玩雪花片遊戲時，鼓勵孩子仔細觀察後練習仿做。

毛毛蟲貼紙遊戲

做兩個很像的雪花片造型，鼓勵孩子找出不同之處。

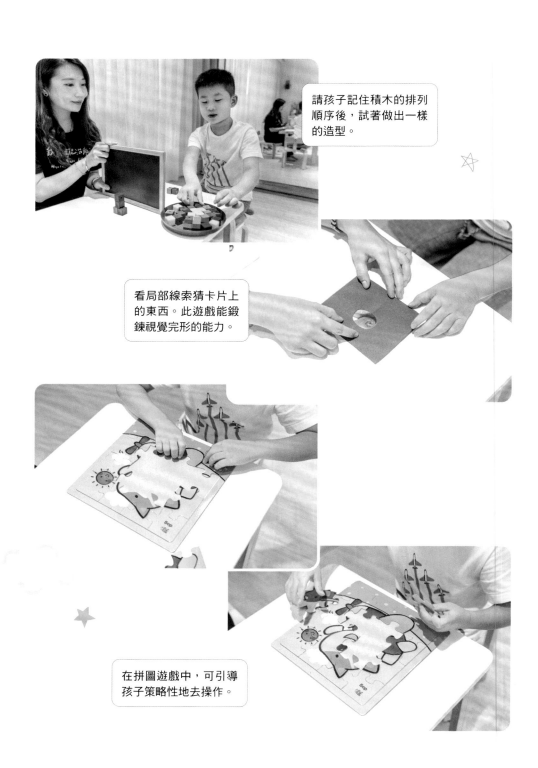

請孩子記住積木的排列順序後，試著做出一樣的造型。

看局部線索猜卡片上的東西。此遊戲能鍛鍊視覺完形的能力。

在拼圖遊戲中，可引導孩子策略性地去操作。

3 視覺記憶大考驗

　　準備一些積木，用積木排列出一個造型，請孩子觀察並試著記住積木的排列方式。等孩子記住後，用板子把積木遮住，請他們靠著記憶拼出一樣的造型。此遊戲可以練習到視覺空間概念和視覺記憶，遊戲難度較高，建議給已經能成功看著仿做積木的孩子練習。

4 猜一猜，這是什麼東西？

　　我們可以準備一張紙，在紙的中間剪一個洞，並把這張紙放在圖卡或繪本上，讓孩子透過洞口看見的部分去猜圖片中的東西。洞口越小，遊戲難度越高。此遊戲可訓練孩子的視覺區辨與視覺完形能力。

> 發展
> 知識
>
> 在視知覺的發展中，有一項重要的能力叫做「視覺完形」，這項能力可以幫助我們看到被遮蓋住一部分的物品，也能知道那是什麼。舉例來說，當一張小豬的圖片被遮住了身體，但能看得到小豬的鼻子或尾巴，雖然沒有看到整隻小豬的樣貌，我們仍能猜出那是小豬；或是當老師在黑板上寫字，不小心被擦掉一小部分後，我們還是可以辨別那是什麼字。

5 拼圖遊戲

　　拼圖是非常適合用來訓練視知覺的教材，因為在拼圖的過程中，孩子要觀察並區辨每片拼圖上的圖案與形狀，並試著把散亂的拼圖組織起來，過程中會練習到視覺搜尋、視覺區辨、視覺空間、視覺完形等重要的視知覺能力。

> Tips
>
> ❶先帶孩子觀察拼圖拆掉前的圖案，讓他們對拼圖有完整的樣貌印象。
> ❷拆掉後帶著孩子將有邊框和沒邊框的拼圖分類，讓孩子練習觀察拼圖的形狀。
> ❸分類後引導孩子先完成邊框拼圖，再拚中間區塊，過程中提醒他們觀察拼圖上的圖案，幫助他們建立操作策略與組織能力。

6 自製視知覺教材「彩色小魚」

　　跟孩子一起，將附錄遊戲書的魚圖案兩兩一組塗上相同的配色。塗完顏色後陪孩子一起剪下圖案，可以護貝或貼在厚紙板上增加耐用度。此教材能進行以下幾種遊戲：

❶ **記憶翻牌**：把所有的小魚卡片面朝下，打散後排列整齊，每個人一次可以翻2張，找到一模一樣的魚即算得1分，可將魚拿走。全部的魚都拿完後計算分數，得到最多魚的人獲勝。

❷ **釣魚遊戲**：將小魚卡片別上迴紋針，請孩子找指定配色的魚，並用磁鐵釣竿釣起來。

❸ **看顏色找魚**：將骰子各面貼上不同顏色的圓點貼。骰顏色骰子，找出身上有該顏色的魚，先拍到魚的人得分，可將魚拿走，最後看誰得到比較多的魚就算獲勝。

帶著孩子一起製作附錄遊戲書中的小魚卡片。

記憶翻牌遊戲

釣魚遊戲

49

數字與注音遊戲

發展重點 認知學習、專注力、親子互動

在幼兒園階段，孩子會開始接觸數字與注音的學習，讓他們在這個時期建立快樂自信的學習經驗，是一件很重要的事。遊戲是孩子最自然的學習方式，把數字和注音融合在遊戲與生活中，能讓孩子的學習事半功倍。

● 遊戲引導與變化

從遊戲裡學會的，記憶更深刻：數字和注音可以這樣教！

　　一般來說，3～6歲是辨認與記憶符號的發展期，透過教導能讓孩子學習符號的意義，例如看到數字或注音可以唸出來、知道數字代表的數量概念等。6歲後則會根據前面的學習基礎，發展出符號的書寫能力與更進階的符號概念，像是拼音、簡單的加減概念等。

　　因此，我們可以透過簡單的親子遊戲，讓孩子在遊戲中認識並建立符號概念，為孩子小學後的學習奠定重要基礎。以下提供一些數字與注音遊戲，供家長們參考（下列遊戲皆可自行替換數字或注音來進行）：

1 釣魚遊戲

　　可以用紙剪下魚的形狀，在上面寫上數字或注音，別上迴紋針，讓孩子用磁鐵釣竿去釣魚。我們可以請孩子去釣指定的數字或注音，像是告訴他們「請你去幫忙找出『ㄅ』的魚」。過程中，孩子會練習到視覺搜尋與辨識正確符號的能力。

進階
玩法

可以融合加減或拼音概念，例如：請孩子「找出1+2的答案」、「找出『鳳梨』的拼音有哪些注音」等。

2 賓果遊戲

　　在紙上畫出16或25宮格，和孩子一起在格子中填上數字或注音。進行遊戲時，跟孩子輪流喊數字或注音，並在紙上圈起喊到的符號，先連

線的人就贏了。在遊戲中，孩子可以練習到符號辨識、口說與書寫。

進階
玩法

融合造詞的練習，喊完注音後，要用該注音造一個詞才算
過關，例如：喊完注音「ㄈ」之後，要接著用「ㄈ」造詞
「飛機」。

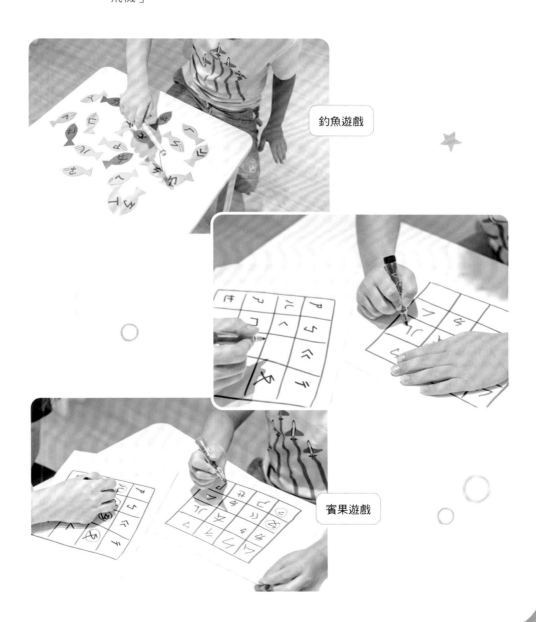

釣魚遊戲

賓果遊戲

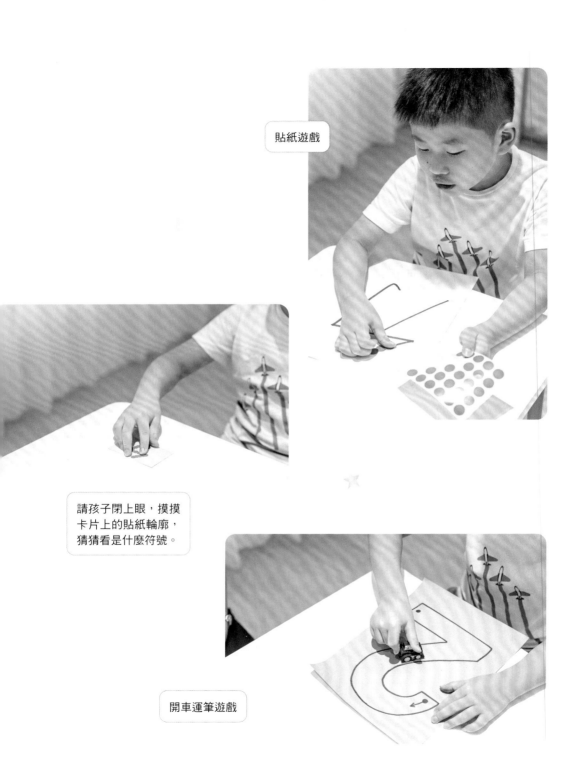

貼紙遊戲

請孩子閉上眼，摸摸
卡片上的貼紙輪廓，
猜猜看是什麼符號。

開車運筆遊戲

3 開車運筆遊戲

在紙上畫出粗粗的數字或注音軌道，讓孩子用車車開在軌道上，學習正確的書寫筆順。

> **進階玩法** 請孩子想像筆是一台車車，在框框內用正確筆順寫出符號。

4 貼紙遊戲

在紙上寫上數字或注音，請孩子沿著線貼上圓點貼紙。過程中孩子會對符號樣貌更有印象，且能練習到精細動作。

> **進階玩法** 和孩子一起製作用貼紙做的符號卡，閉上眼睛摸一摸貼紙貼出的形狀輪廓，猜猜看是什麼符號。

5 跳跳遊戲

在巧拼墊上貼上數字或注音卡，請孩子聆聽指令去跳正確的符號，像是告訴孩子「請你去跳注音『ㄅ』」。此遊戲能讓孩子一邊運動，一邊學習。

> **進階玩法** 可融合數字順序／加減或拼音概念，例如：請孩子「跳8562」、「跳3+1的答案」、「跳『小狗』的拼音」等。

跳跳遊戲

6 火車遊戲

跟孩子一起製作數字／注音卡片，或是運用現成的注音卡、數字牌都可以，陪孩子一邊念、一邊排出正確符號排序，變成一台長長的火車。過程中孩子可以練習到符號辨識與口說，並建立順序概念。

7 玩具排字遊戲

可運用家中現有的玩具或物品，像是積木、雪花片、冰棒棍等，讓孩子練習用玩具排出符號。此遊戲可以幫助一些視覺學習較弱的孩子，透過操作去認識與記住符號。

延 伸 遊 戲

除了運用操作型玩具，也可以融合觸覺學習幫助孩子記憶，像是讓孩子在沙子上用手指寫字，或是用黏土捏塑出符號等。

8 心臟病遊戲

可以運用注音卡或UNO牌，隨機一人發一疊卡牌，與孩子輪流出牌，一起按照數字或注音順序念，若剛好翻出來的牌是當下喊出來的數字或注音，就要立刻拍下去。這個遊戲可以促進專注力與反應力，並且讓孩子邊玩邊複習數字或注音。

火車遊戲

用積木排出注音。

用黏土捏出數字。

用冰棒棍排出國字。

50

適合年齡

3~6
歲

剪刀小高手

發展重點 精細操作、手眼協調、專注力

○ ○

剪刀對孩子來說是一項重要的發展工具，在學校常會需要用剪刀參與美勞活動，日常生活中，使用剪刀更是一項必備的技能。多讓孩子練習使用剪刀，能促進生活自理與手部精細動作的發展，也能讓孩子學習保持專注。

○ ○

● 遊戲引導與變化

喀擦！喀擦！剪刀真好玩！

在前面1～3歲的剪刀遊戲章節中，有介紹過使用剪刀的發展過程及如何選擇給孩子使用的剪刀，需要的人可以回頭翻閱參考。

在這個章節裡，將會介紹給3歲以上、已經能單手抓握並開合剪刀的孩子，在家可以玩的剪刀遊戲，供家長們參考：

1 練習剪直線

一般來說，3歲後孩子就可以開始練習剪直線了，他們可能沒辦法一開始就剪得很好，因此循序漸進地引導並設定活動難度很重要。以下是讓孩子學會剪直線的引導步驟建議。

❶一刀就能剪斷：準備細細的長紙條，畫上粗粗的短直線，最好是一刀就能剪斷的長度，請孩子練習剪在線上。

> Tips 用比喻的方式讓孩子覺得有趣，像是告訴孩子「用剪刀切出一段一段的蔬菜，等一下我們一起來煮飯喔！」。

❷剪長一點的直線：在紙上畫比較長的線條，引導孩子連續剪在直線上。連續剪的過程中，記得引導孩子維持剪刀的穩定性，可以漸進式地增加直線的長度。

喝熱咖啡時附的隔熱紙，是一種很好用的剪刀教材，隔熱紙上的直線凹槽，能提供孩子很好的視覺與觸覺提示，讓孩子能順著凹槽練習剪直線。另外，隔熱紙的厚紙板材質，讓孩子需要用更多力氣去剪，能鍛鍊手部的小肌肉。

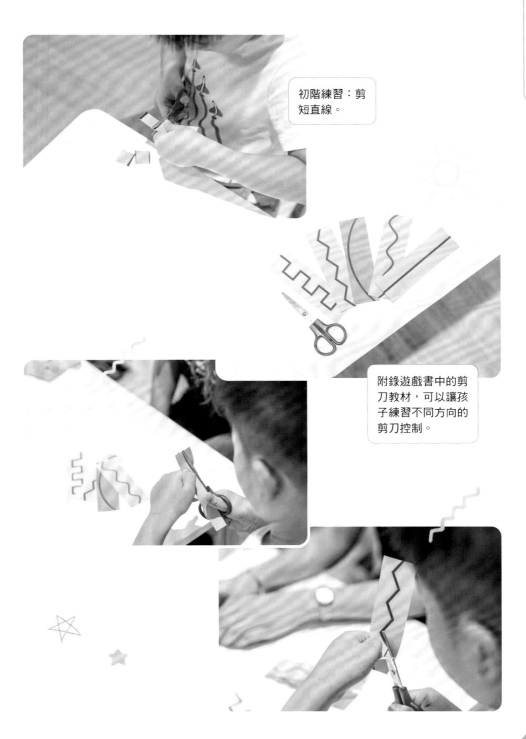

初階練習：剪短直線。

附錄遊戲書中的剪刀教材，可以讓孩子練習不同方向的剪刀控制。

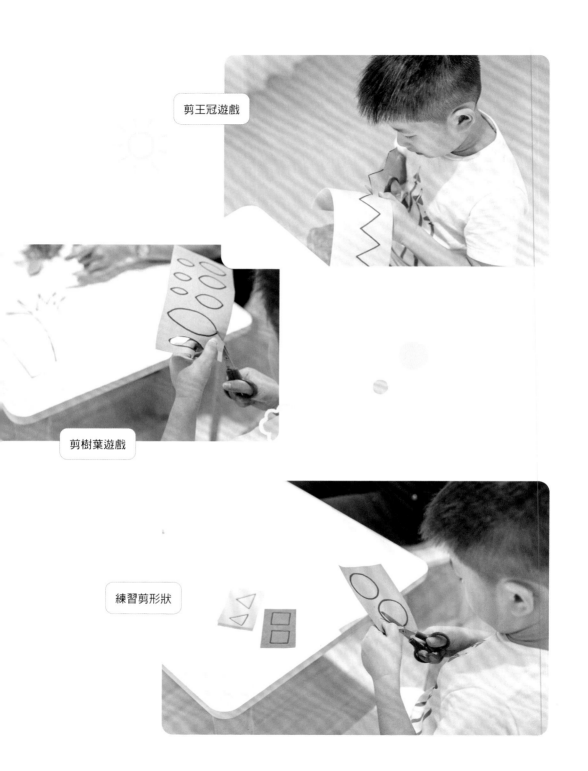

剪王冠遊戲

剪樹葉遊戲

練習剪形狀

Tips　把遊戲比喻成剪麵條，孩子會覺得很有趣，或是把剪下來的長紙條創作成一個作品，孩子也會很有成就感喔！

2 練習剪彎曲線

　　4歲後，當孩子已經能夠很流暢地剪直線時，可以開始讓他們剪一些彎曲線，包括鋸齒線、弧線等。訓練的原則和直線一樣，先讓孩子學會剪單一線段，再慢慢進階到剪連續線段。（＊搭配附錄遊戲書）

Tips　剪彎曲線對孩子來說是進階練習，他們要能判斷剪刀轉彎的時機、雙手要互相配合，且過程中必須更專注地控制剪刀。我們可以把剪刀比喻成車子，鼓勵孩子控制車子開在路上，如果不小心開出道路外了也沒關係，趕快再轉方向盤開回來就好，讓練習使用剪刀變成好玩的遊戲。

延伸遊戲

1 剪王冠遊戲（鋸齒線）：在紙上畫鋸齒線，請孩子剪下來，裝飾成自己喜歡的樣子，最後圍一圈黏起來，就變成可以戴在頭上的可愛王冠囉！
2 剪樹葉遊戲（圓弧線）：在紙上畫出有兩條圓弧線的葉子圖，請孩子沿著線剪下來，貼在紙上變成一顆美麗的樹，最後可以請孩子為自己的樹命名喔！

3 練習剪形狀

　　4歲半或5歲後，我們可以讓孩子練習剪形狀，包括圓形、正方形、三角形、多邊形等。若想讓遊戲更好玩，可以請孩子運用剪下來的形狀貼出一個圖案，激發他們的想像力與創造力。

51

運
筆
遊
戲

適合年齡

3~6
歲

發展重點 **運筆發展、精細動作、專注力**

3歲後，是開始讓孩子練習運筆的好時機。所謂「運筆」並不等於「寫字」，運筆活動強調的是孩子能夠穩定地握筆、順暢地畫出想畫的線條或圖形。6歲前足夠的運筆練習，能夠幫助孩子上了小學後寫字更輕鬆、寫得更漂亮。

● 遊戲引導與變化

握筆的發展：3歲後是關鍵！

在握筆的發展過程中，一般而言，1歲後的孩子就能開始用手掌拳握的方式握蠟筆塗鴉；大約2～3歲間，孩子可能會以拳握或手指朝下的方式握筆，這時可模仿畫出直線和橫線；到了3歲，孩子會開始發展出3指或4指的指腹握筆姿勢，能模仿畫出圓形；到了4歲，孩子的三點握筆姿勢會更加穩定，能仿畫斜線、十字、打叉、正方形等；5歲以上的孩子握筆姿勢已經成熟，能仿畫三角形、仿寫簡單的符號，像是數字或注音等。

了解孩子的握筆發展後，我們可以知道，在3歲前，我們可讓孩子多玩精細操作的遊戲，為他們建立足夠的手部肌力，3歲後孩子就能更順利地開始練習用指腹握筆。雖然剛開始可能握得不穩、畫得不好，但家長並不需要太緊張，只要多提供孩子練習的機會，他們就會慢慢從中累積出運筆的能力。上小學前的運筆經驗，會很直接地影響上小學後寫字的表現，因此我們可以在這段時期多讓孩子以遊戲的方式練習運筆。

一張紙、一枝筆就能玩的運筆遊戲！

坊間有販售許多運筆或著色的練習本，提供家長很多選擇。然而，我最喜歡的還是用一張紙和一支筆就能和孩子玩的運筆遊戲，因為在遊戲的過程中可以有所互動，通常能激發孩子更多的參與動機，也能隨著孩子的能力提升隨時彈性調整。以下提供幾個簡單又好玩的紙筆遊戲，讓家長們在家就可以陪孩子練習運筆：

1 筆筆開車

　　準備一支淺色的彩色筆，畫出要讓孩子練習的線條，請孩子用另一支深色的彩色筆畫在上面，可以畫出明確的起點與終點，並比喻汽車開在道路上說給孩子聽，讓他們練習控制筆，畫在線上。可以帶孩子練習直線、橫線、鋸齒線、不同方向的曲線等，隨著他們的進步慢慢增加遊戲難度。

2 找到回家的路

　　此為上一個遊戲的進階版。可以畫多個不同的起點與終點，並用不同顏色的淺色彩色筆，畫出交疊的軌道，請孩子一次專注在一種顏色上，用深色的筆從起點畫到終點，線條交疊的複雜度可以依孩子的能力做調整（＊搭配附錄遊戲書）。

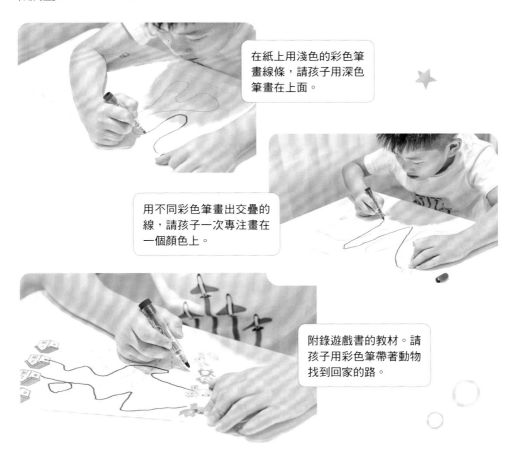

在紙上用淺色的彩色筆畫線條，請孩子用深色筆畫在上面。

用不同彩色筆畫出交疊的線，請孩子一次專注畫在一個顏色上。

附錄遊戲書的教材。請孩子用彩色筆帶著動物找到回家的路。

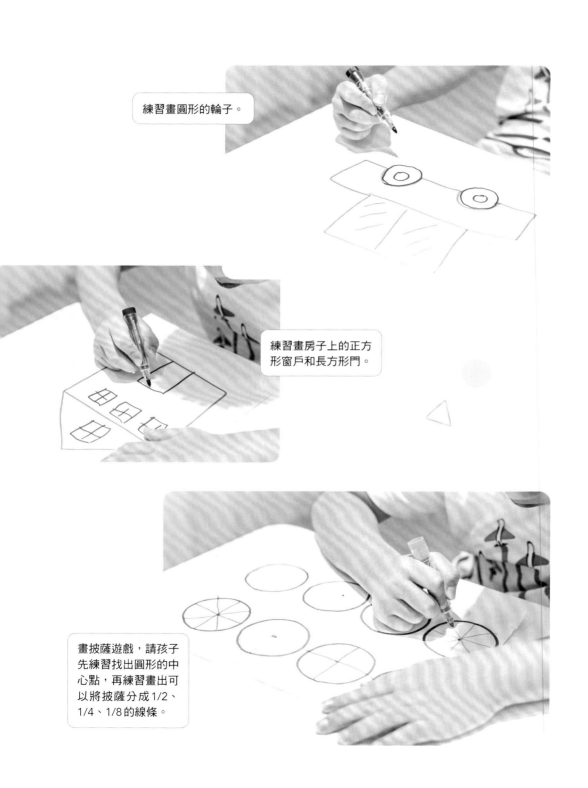

練習畫圓形的輪子。

練習畫房子上的正方形窗戶和長方形門。

畫披薩遊戲，請孩子先練習找出圓形的中心點，再練習畫出可以將披薩分成1/2、1/4、1/8的線條。

3 畫出形狀遊戲

　　我們可以用比喻的遊戲方式讓孩子練習畫不同形狀，像是幫車車畫上圓圓的輪子、幫房子畫上正方形的窗戶等。

4 切披薩／蛋糕

　　在紙上畫一個圓形、正方形或長方形，比喻成披薩或蛋糕，請孩子練習從中間切一半或切成4等分、8等分等。這個遊戲能讓孩子練習對稱與等分的概念，對於書寫和數學概念的建立都有幫助喔！

5 火柴人的體操運動

　　在紙上畫出火柴人的頭和身體，先由大人畫出不同方向的手和腳，再請孩子仿照畫出一樣方向的線條，這個遊戲可以幫助孩子練習判斷線條方向，並練習畫出來。若孩子對於線條方向的理解有困難，可以先請他們看火柴人圖做出一樣的身體動作，用實際動作幫助理解。

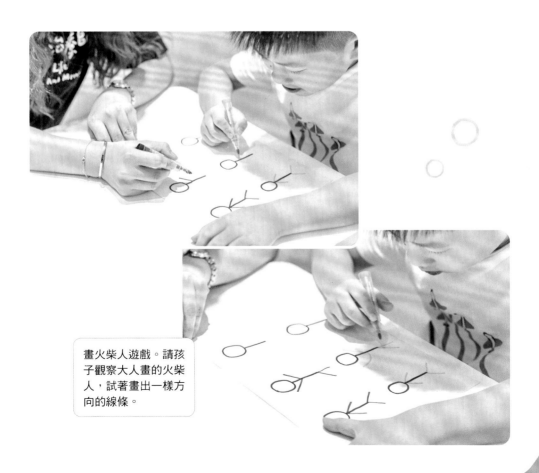

畫火柴人遊戲。請孩子觀察大人畫的火柴人，試著畫出一樣方向的線條。

★ **作者簡介** 吳姿盈

國家高考合格職能治療師、中華民國兒童瑜伽協會合格教師、
IAIM 國際嬰幼兒按摩講師。
服務過上百位兒童與家庭、辦過上百場演講，目前是各大幼兒
園、學校與社福機構合作的職能治療師與專業講師。
期望能用「全人」的觀點關心所有與孩子生活相關的議題，
希望藉由分享遊戲活動與教養觀念，幫助每一個孩子與家庭更
順利、更快樂地成長。

FB粉絲專頁： 兒童職能治療師　吳姿盈
https://www.facebook.com/FunPlayWithOT/

攝影： 洪振哲

兒童職能治療師教你玩出無限潛力！
給0～6歲孩子的分齡學習遊戲書

2021年12月1日初版第一刷發行
2022年12月1日初版第二刷發行

作　　者	吳姿盈	
編　　輯	陳映潔	
美術設計	黃瀞瑢	
發 行 人	若森稔雄	
發 行 所	台灣東販股份有限公司	
	＜地址＞台北市南京東路4段130號2F-1	
	＜電話＞（02）2577-8878	
	＜傳真＞（02）2577-8896	
	＜網址＞http://www.tohan.com.tw	
郵撥帳號	1405049-4	
法律顧問	蕭雄淋律師	
總 經 銷	聯合發行股份有限公司	
	＜電話＞（02）2917-8022	

TOHAN

兒童職能治療師教你玩出無限潛力！：給0～6歲孩子的分齡學習遊戲書/
吳姿盈著；-- 初版. --臺北市：臺灣東販，2021.12
212面；17×23公分
ISBN 978-626-304-982-6（平裝）

1.兒童遊戲 2.兒童發展 3.感覺統合訓練 4.育兒

428.82　　　　　　110018490